中國傳統 經典與解釋
Classici et commentarii

經典與解釋

中國傳統 經典與解釋

入其國，其教可知也……其爲人也：溫柔敦厚而不愚，則深於《詩》者也；疏通知遠而不誣，則深於《書》者也；廣博易良而不奢，則深於《樂》者也；潔靜精微而不賊，則深於《易》者也；恭儉莊敬而不煩，則深於《禮》者也；屬辭比事而不亂，則深於《春秋》者也。

——《禮記·經解》

中國傳統 經典與解釋
Classici et commentarii

經典與解釋
清人經解叢編
劉小楓 周春健●主編

孝經集注述疏
——附《讀書堂答問》

[清]簡朝亮●撰　周春健●校注

華東師範大學出版社

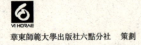
華東師範大學出版社六點分社 策劃

中山大學211三期"中國傳統:經典與解釋"項目成果

出版說明

如今我國處於數百年難逢的歷史時期，修復我國已然破損的文明傳統，乃當下的世紀性學術使命。清代學術的輝煌傳世成就，顯見於整理國故歷代經典，此乃學界共識。二十一世紀中國學術能否有成、能否化解西方文明的挑戰，不僅端賴當今學人掌握西方歷代經典的進深，亦當基於對中國歷代經典的重新認識。上世紀八十年代初，中華書局推出"十三經清人注疏"整理規劃，見目二十餘種，刊行十餘種，嘉惠學林，功莫大焉。惜乎這一計劃尚未完成，且未囊括的十三經清人注疏不在少數，令人惋惜。

本《叢編》願承繼前輩心志，繼往開來，繼續整理十三經清人注疏。整理方式為：繁體橫排，施加現代標點，針對難解語詞、人物職官、典章制度、重要事件下簡明注釋。如今的典籍整理，大多僅點校為止，如此習慣做法使故書仍然是"故書"。我們的企望是，通過校注使得故書煥然而為當今向學青年的活水資源。

古典文明研究工作坊
中國典籍編注部甲組
2009年5月

目　録

校注前言 …………………………………………………… 1

孝經集注述疏壹卷　　1

孝經集注述疏序 …………………………………………… 3

《孝經》 …………………………………………………… 1
開宗明義章第一 …………………………………………… 4
天子章第二 ………………………………………………… 18
諸侯章第三 ………………………………………………… 23
卿大夫章第四 ……………………………………………… 30
士章第五 …………………………………………………… 37
庶人章第六 ………………………………………………… 41
三才章第七 ………………………………………………… 47
孝治章第八 ………………………………………………… 57
聖治章第九 ………………………………………………… 62
紀孝行章第十 ……………………………………………… 78
五刑章第十一 ……………………………………………… 86
廣要道章第十二 …………………………………………… 90

廣至德章第十三 …………………………………… 93
廣揚名章第十四 …………………………………… 96
諫諍章第十五 ……………………………………… 99
感應章第十六 ……………………………………… 105
事君章第十七 ……………………………………… 111
喪親章第十八 ……………………………………… 114

讀書堂答問 ……………………………………… 127

校注前言

一

《孝經集注述疏》一卷，晚清順德名儒簡朝亮（1852－1933，字季紀，號竹居）著。該書是簡氏繼《尚書集注述疏》三十五卷、《論語集注補正述疏》十卷後，撰成的又一部經學著述。

或許是跟自己考運不佳、曾经鄉試五次不第的經歷有關，簡氏很早就絕意仕進，建讀書草堂，以教學著述為業。光緒十九年（1893），他開始着筆撰著《尚書集注述疏》，歷時十一年（1903）完成初稿，刻成於光緒三十三年（1907）。1908年仲秋至1917年季冬，撰成《論語集注補正述疏》，歷時十載。旋而撰著《孝經集注述疏》，於1918年季秋殺青。在這之後，簡氏還完成了《禮記子思子言鄭注補正》四卷。

簡氏生活的晚清時代，以"經世致用"為主要特點的今文經學的風氣，依舊盛行。一個有力的證明是，幾乎就在簡氏於草堂之中孜孜矻矻、心無旁騖地撰著《尚書集注述疏》的同時，井研廖平完成了他主張"平分今古"的名作《今古學考》（1886年）和《續今古學考》（1887年）；而簡氏的同門師弟南海康有為，則撰成了他的兩部驚世之作《新學偽經考》（1891年）和《孔子改制考》（1892－1896年），為變法張本,并且都在當時學界乃至整個社會產生了強烈的反響。尤其是康南海,曾與簡氏共同問學於粵中大儒朱九江。此時的他,正在以高漲的熱情向慕西學,鼓吹變法,且一度成為當時"今文學運動的中心"(梁啟超《清代學術概論》)和政壇的"風雲人物"。

這不免讓我們頓生疑竇:簡氏該不會是那種迂腐膠柱、不諳世事的老學究吧?他們的老師朱九江,可是主張"諄行孝悌,崇尚名節,變化氣質,檢攝威儀"、"以經世救民為歸"的。

二

在《尚書集注述疏序》中,簡朝亮道出了他的心聲:

> 自維固陋,少之日手寫《尚書》,綴而讀之。迨游九江朱先生之門,時講習之。若有寤者,既不自休,博稽《尚書》家言,樸學可觀,其義猶將待發也。久而鄉居草堂,與諸學子辯難,而令鈔所屬草者。八年,旋以時義旅陽山之將軍山,與諸學子居山堂,夙夜從事,如鄉居時者。又三年,百為皆廢,終食不忘,胥勉勉乎《尚書述草》。蓋自草創以來,既十有一年矣。所以艱屯無悔,必蕲草畢者,自以讀書報國,愧非其才,惟素所習孔子之書,或猶竭力於斯,以無忝君父之教云爾。

"艱屯無悔"、"讀書報國",足以證明簡氏決非不關世事。恰恰相反,字裏行間,我們感受得到簡氏心系蒼生的那種拳拳情懷。關於這點,在《孝經集注述疏序》中體現得更為明顯:

> 《孝經》者,導善而救亂之書也。……朝亮幼讀《孝經》,長而聞九江朱先生講學,以孝為先,則於此經不敢荒

矣。……丁巳歲季冬,《論語述草》既畢,乃思《孝經》為諸經之導也,當有集而述之。由是考於古義,酌於今時,多徹宵起草。越歲季秋,草有《孝經集注述疏》壹卷,因附《答問》於後。

導善者,導人性之善;救亂者,救世風之亂,簡氏"通經致用"的學術立場與思想情懷昭然可見。只不過,他走的是與康南海殊途同歸的另外一條道路。後人評價云:康有為"思藉治術使孔道昌明",簡朝亮"思藉著述使孔道燦著",可謂恰如其分!

三

簡朝亮的弟子黃節,曾經這樣評價他的老師:

> 簡岸先生講學鄉居,發明九江之教,體力用行,不分漢宋,本九江修身讀書之教而光大之,則嶺學之崛起者也。

"九江之教,不分漢宋",的確如此,朱九江即稱:"學孔子之學,無漢學,無宋學也。修身讀書,此其實也。"(簡朝亮《九江學譜》)這在漢宋門戶之見壁壘森嚴的清代學術中,顯得風標獨高,近人錢穆即譽之云:"又曰治孔子之學無漢學無宋學,尤為大見解。非深識儒學大統者,不易語此也。"(錢穆《中國學術思想史論叢》卷八《朱九江學述》)

簡氏謹遵教誨,在其師基礎上又有所發明:

> 昔聞之九江朱先生曰:"古之言異學者,畔之於道外,而孔子之道隱;今之言漢宋學者是,咻之於道中,而孔子

之道歧,何天下之不幸也!"……或乎之曰:漢學長訓詁,宋學長義理,斯不爭矣,是未知叶於經者之為長,其長不以漢宋分也。明經之志,君子無所爭也,義理莫大於綱常。經言殷周所因而知其繼也,馬氏以綱常釋之。曾子稱昔者吾友而不名,如知其友何人也,必於義理知其友從事也,馬氏以顏淵釋之。此漢注非訓詁者,朱子採其說,此其義理之長也。鄭氏釋"雅言"為正言,則言《易》、《春秋》亦皆正,非惟《詩》、《書》執禮有然矣。朱子以常言釋之,然後見《易》、《春秋》不常言也。《史記》稱孔子教弟子者足徵也,博約之教,乃開後學。鄭氏釋此經者,不釋約焉。朱子以約要釋之,由知而行,皆要也。孟子之學曰說約,曰守約,其自斯發歟!此宋注明義理者,以訓詁而明,此其訓詁之長也,蓋叶於經者之為長也。(簡朝亮《論語集注補正述疏序》)

"其長不以漢宋分也"、"叶於經者之為長也",這一通達見地不必說在清末民初,即便是在將近百年後的今天,依然有着深刻的啟發和指導意義。惜乎因簡氏名頭沒有那麼響亮,而使其學鮮為人知。不過僅憑這一點,我們就可以說簡氏是得到了九江之學真傳的,而錢穆先生所謂"然稚圭(朱九江)論學,在當時要為孤掌之鳴,從學有簡朝亮最著,然似未能承其學,仍是乾嘉經學餘緒耳"(錢穆《中國學術思想史論叢》卷八《朱九江學述》),倒是值得商榷。

四

從《尚書集注述疏》到《論語集注補正述疏》,從《孝經集注述疏》到《禮記子思子言鄭注補正》,簡氏始終不渝地踐行着他的經學觀。

《孝經集注述疏》一卷,從體例上講,與之前完成的兩部《述疏》之作一樣,依然是蒐集前代《孝經》舊注,然後對其進行疏解,並提出己見。所附《讀書堂答問》一卷,是簡氏平日講學語錄,由弟子記載而成,在內容上與《述疏》正文雖偶有重複,但相得益彰,可堪補足。《孝經集注述疏》及《答問》,篇幅不大,卻同樣很好地體現了簡氏治學的特點。概括說來:

其一,漢宋兼採,訓詁義理並重。在書中,簡氏對經文、對注文,都花了相當的篇幅訓釋字詞,兼音兼義。其中,以《爾雅》之《釋詁》、《釋言》、《釋訓》諸篇以及許慎《說文》、陸德明《釋文》等小學著作佐證最多。又援引《三禮》之說,考索典制,這些都很好地體現了有清一代的樸學之風。同時,他廣征博引二程、朱熹等理學家之說,申發意旨,體現出其破除漢宋門戶之見的見識與氣度。正因為此,當弟子尤潤慶問他:"凡讀書通大義者,非區區訓詁為也,其然歟"時,簡氏的回答是:"然矣,而不皆然也。"

其二,以是否"叶於經"作為衡量注說當否的唯一標準,不懼權威。譬如《庶人章》"故自天子至於庶人,孝無終始,而患不及者,未之有也"一節,唐玄宗、司馬光、范祖禹等各家皆有注說。弟子伍蘭清問其優劣,簡氏答云:

> 凡釋經者,必求經之本義焉。其義,叶於經本文及上下文者,則本義也。不然,謂是自為其義,可矣;謂是經之本義,不可也。今三者皆未悉叶焉。唐《御注》釋終始者非也,而釋其餘,則叶經本文矣。司馬說,即《孝經指解》說也,內府藏本合范說編之。其二說釋終始者,酌於經上下文矣,而猶待再酌也……

當"求經之本義","叶於經本文及上下文",而不可"自為其義",這是簡氏一切立說的出發點。

其三,傾向今文《孝經》,批判古文《孝經》。這在所附《讀書堂答問》中有多處表現,比如關於朱熹的《孝經刊誤》,弟子梁應揚與其有如下問答:

> 梁應揚問曰:"朱子著《孝經刊誤》,采今文、古文而自成本焉。分為經一章,傳十四章,刪舊文二百二十三字。或章刪其句,或句刪其字,何也?或謂《刊誤》乃朱子未定之書,然乎?"
> 答曰:"然矣,此朱子未察古文之偽爾。此於偽古文《閨門章》之淆禮制也,猶未及刊之矣。其於《孝經》分經傳,非也。自《庶人章》而下,疊有曾子問辭,與首章為相應也,皆經之自申其義也,安見其下之為傳乎?元吳澄《孝經定本》從朱子例,分經傳,而傳之次序不同,亦非也……"

五

簡氏在《孝經集注述疏序》中曾言,與陸德明《經典釋文》於《孝經》"以童蒙始學摘全句,蓋欲其易知也"的發願一樣,他之述疏《孝經》,也是"將備始學者"。全書語言較為通俗,加之有《讀書堂答問》相輔,的確可以作為一個非常適合的《孝經》讀本。

當然,簡朝亮傾數十年之力述疏《孝經》等儒家經典,還有着更深遠的用意,那就是"正人心,挽世風",這在晚清時局動盪的情勢下頗易理解。殊不知,百年後的今天,人心躁動,物慾擾攘。世人淡泊寧靜,由《孝經集注述疏》等著述重溫古代經典,以修身立行,又是一件多麼必要和值得期待的事情呢?

此次整理,以民國《讀書堂叢刻》本(收入《四庫未收書輯刊》六輯三冊)為底本。整理方式為施加現代標點,於難解字詞、人名地名、典章制度等,作簡明注釋。正文用小四號字,注釋文字用小五號字。原文雙行小字部分,亦用小五號,外加括號,以與校注者文字區別。個別較長注文,采用腳注形式,方便閲讀。

周春健

於中山大學古典學中心

孝經集注述疏壹卷

門弟子離讀校刊
讀書堂答問附後

孝經集注述疏序

　　《孝經》者,導善引導向善而救亂挽救弊乱之書也。《經》指《孝經》曰:"先王有至德要道,以順天下。"《開宗明義章》蓋天下原自順者,以此順之,導善也,故《經》曰:"天地之性,人為貴。"《聖治章》性善也。天下或不順者,亦以此順之而順,救亂也,故《經》曰:"事親者,居上不驕,為下不亂,在醜眾也,卑賤之人不爭。"《紀孝行章》夫必其不驕,斯居上不召亂以亡也;必其不亂,斯為下不犯亂以刑也;必其不爭,斯在醜眾指地位卑賤之人不近亂以兵拿兵器殺人也。孝子之事親若斯也,故《經》曰:"五刑之屬三千,而罪莫大於不孝。要 yāo,要挾君者無上,非聖人者無法,非孝者無親。此大亂之道也。"《五刑章》此三者,皆自不孝而來。不孝則無可移之忠對父母的孝心移作對君王的忠心,由無親而無上,於是乎敢要君;不孝則不道先王之法言合乎禮法的言論而無法藐視法紀,於是乎敢非責難,反對聖人;不孝則不愛其親而無親,於是乎敢非孝。惟《經》則教以孝,而大亂消焉。

　　《孝經》家舊說,其得者,文明在天地間也。其失者有六,今宜辯之矣。《經》曰:"身體髮膚,受之父母,不敢毀傷_{損壞、殘傷},孝之始也。立身行道,揚名於後世,以顯父母,孝之終也。"_{《開宗明義章》}其總結之文遂曰:"故自天子至於庶人,孝無終始,而患不及者,未之有也。"_{《庶人章》}其所謂無,如《論語》"無小大"之"無",謂無論也。其孝無論為終為始,不患其力不及焉,孝由天性故也。其不曰始終而曰終始者,明乎成終以成始也。惟終而立身行道,則始而身不毀傷乃有成也。庶人者,《國語》所謂"四民"也,《管子》所謂"士、農、工、商"也。四民之士,未仕而終身庶人,若顏子是也。而《經》又曰:"夫孝始於事親,中於事君,終於立身。"_{《開宗明義章》}此其在庶人,則既仕也;其在天子,則舜、禹、湯、武也。而舊說釋"孝無終始"者多異,其承"中於事君"之終始而言,則未仕若顏子者,何以該包括乎?其失一也。《禮·祭義》云:"虞、夏、殷、周,天下之盛王也。"《孝經》稱"先王"者,溯古之以孝治天下者而稱焉。虞之帝舜,亦先王也,猶《禮運》稱上古為"昔者先王"也。而舊說未會通之,稽古者惑矣。其失二也。《經》曰:"生事愛敬,死事哀慼,生民之本盡矣。"_{《喪親章》}生民者,生人也,統貴賤尊卑而言。自天言之,皆生民也。《詩》言后稷者,曰"厥初生民"_{《大雅·生民》},固以生民歌配天之后稷也。而舊說不及於斯,遂有疑《喪親章》不言天子之事。其失三也。《經》曰:"生則親安之,祭則鬼享之。"_{《孝治章》}"故雖天子必有尊也,言有父也;必有先也,言有兄也。"_{《感應章》}而舊說言天子者,惟以親沒言之,惟以諸父諸兄言之,奚不思舜為天子而生事瞽瞍_{亦作"瞽叟",舜之父。目盲,故稱瞍}? 奚不思漢高帝_{漢高祖劉}

邦有父太公、有兄郃 hé 陽今陝西合陽侯仲劉仲歟？其失四也。孔門之學，德行與文學兼稱，《孝經》之行，其德行也；《孝經》之文，其文學也。故《經》有互文上下文義互相闡發、補足，有變文變換文詞，有省文省略文字，有分應之文，有回顧之文，有主孝而遞推之文，有重教而獨承之文，有言政而微及之文。讀者習之，則近文章，如《禮·儒行》也。而舊說察其文者希，甚且疑其誤。又或句下為注焉，連者斷之，無以見一章中之善屬文者。其失五也。《偽古文孝經》云："閨門之內，具禮矣乎。嚴父一本作"親"嚴兄，妻子臣妾，猶百姓徒役也。"《閨門章》此偽者之淆禮制也。《大戴禮·本命篇》云："女日及乎閨門之內。"此《禮·內則》所謂"女子居內"也。其所謂"男子居外"者，豈不在閨門之外邪？今偽者淆之矣，而舊說或從偽古文本而不察也。其失六也。

朝亮幼讀《孝經》，長而聞九江朱先生朱次琦(1807-1882)，字稚圭，又字子襄，廣東南海九江人。清末粵中大儒，亦為康有為之師，有《朱九江先生集》講學，以孝為先，則於此經不敢荒矣。時而教授，每開說此經，遂有答諸學子問而辯舊說者。或口答之，或筆答之，群皆志之，編為《孝經答問》壹卷，舉大略云爾。丁巳歲 1917 年季冬，《論語述草》即《論語集注補正述疏》既畢，乃思《孝經》為諸經之導也，當有集而述之。由是考於古義，酌於今時，多徹宵起草。越歲第二年，即 1918 年季秋，草有《孝經集注述疏》壹卷，因附《答問》於後。

昔陸氏唐陸德明著《釋文》《经典释文》，諸經皆摘字為音。惟《孝經》以童蒙始學摘全句，蓋欲其易知也。今之所草，其亦將備始學者歟。自念童時，家君以《孝經》命之讀，布席於地，執書策而坐，在膝下讀焉。今無幾何，身年六十有八，雖目光尚如童時，而親亡矣，書策徒存，安得如膝下讀《孝經》時也？順德簡朝亮序。

《孝經》

《漢書》曰："《孝經》者,孔子為曾子陳孝道也。夫孝,天之經,地之義,民之行也。舉大者言,故曰《孝經》。"是也。古者稱師曰子,《孝經》首云："仲尼居,曾子侍。"此以知曾子門人記之也。(夫音扶。行,去聲)

述曰:引《漢書》者,《漢書·藝文志》也。《漢志》以天經該_{包容},包括地義,蓋天地之經也,是指"孝"為大者,詳下文《三才章》。《漢志》云:"《孝經》一篇,十八章。"此所謂今文《孝經》也。今文者,今字指漢代隸書字體也。《隋書·經籍志》云:"秦焚書,《孝經》為河間_{今河北省河間市}人顏芝所藏。漢初,芝子貞出_{指獻出}之。"蓋今文自此傳矣。唐玄宗用今文本,采漢以來諸家說,而為《御注》焉,乃命元行沖_{名澹,唐洛陽人},撰有《孝經疏》、《群書四錄》等為《疏》以申之。注者,宜如水之注也,欲其於經文曲以達也;疏者,宜如水之疏也,欲其於注文分以利也。疏,讀去聲,如水之疏;讀平聲,蓋聲轉而義通也。宋邢昺 bǐng,字叔明,曹州濟陰人,撰《孝經正義》、《論語注疏》、《爾雅義疏》等奉詔脩元《疏》,則垂至於今矣,彼注疏猶未皆叶 xié，相合焉。

《漢志》云："《孝經古孔氏》一篇，二十二章。"蓋出孔子壁中。孔子後，安國_{孔子十一世孫孔安國}得其書，則所謂古文《孝經》也。古文者，古篆也。漢許沖_{許慎之子}因獻《說文》而及之云："古文《孝經》，昭帝時魯國三老_{古代掌教化之官}所獻。建武時衛宏_{字敬仲，東海郯人}所校，皆口傳，官無其說。"是也。故《漢志》無孔氏古文說焉。蓋三老由魯國所獻者，即孔安國所得者也。而漢以來所傳者微，迄於梁亂，則遂亡矣。至隋而古文《孝經》乃與孔《傳》同出也，皆偽也。今《隋志》可考焉。惜乎唐之辨偽者，未據《漢志》許說而明之也。然其偽為《經》異文者無多，亦姑不辯之爾。惟其偽《閨門章》，言臣妾之臣在閨門之內，安可不為禮辯邪？今詳《孝經答問》。蓋《孝經》，今當從今文本矣。然自偽《閨門章》外，其從古文為注者，可通乎今文說也，可兼采焉。或曰："若今文《孝經》，殆後人為之，而襲沿襲《左傳》者歟？"非也。漢蔡邕《明堂論》引魏文侯《孝經傳》曰："大學者，中學明堂之位也。"夫魏文侯非師子夏者乎？《呂氏春秋·察微篇》引《孝經·諸侯章》，則先秦古書也。其有與《左傳》同者，則述古之公言而非襲也；猶《論語》答顏淵、仲弓之問仁，與《左傳》亦同也，詳《論語集注述疏》。《漢志》云："魯共王_{漢景帝之子劉餘}壞孔子宅，欲以廣_{擴大}其宫，而得古文《尚書》及《禮記》、《論語》、《孝經》，凡數十篇。共王往入其宅，聞鼓琴瑟鐘磬之音，於是懼，乃止不壞。"此古文《孝經》出孔子壁中而可考也。其藏之壁中者，《漢紀》東漢荀悅作謂秦焚書時孔鮒 fù，秦末儒生，孔子九世孫藏之也。

元行沖，讀行去聲。孔《傳》，讀傳去聲，凡稱某《傳》同。邪，語辭，讀若耶。共，與恭通。

開宗明義章第一

述曰：開宗明義者，第一章之章名也。《漢志》言"《孝經》十八章"，不列章名。今邢《疏》本皆別而名之，陸氏德明《釋文》從鄭氏鄭玄本。既如此焉，今從之者，以章名無違於《經》，而小學易知也，《孝經》則由小學而通大學之書也。邢氏云："宗，本也。"言此章開一經之宗本闡述本經的宗旨，而明孝義也。《孝經說》云："宗本，猶宗主也。"主孝為本也。

仲尼居，曾子侍。子曰："先王有至德要道以順天下，民用和睦，上下無怨。汝知之乎？"曾子避席曰："參不敏，何足以知之？"子曰："夫孝，德之本也，教之所由生也。復坐，吾語汝。"（尼，年題反。侍，音嗜。道，上聲。睦，音目。參，七南反。敏，音憫。夫，音扶，下同。復，音服。語，去聲）

仲尼，孔子字也。稱字，尊之也，著其為師之師也。居，鄭氏謂居講堂也。曾子，孔子弟子。侍，在尊者側也，今謂侍坐陪坐。子者，丈夫之美稱，美其不負所生也。曾子門人稱其師曰曾子，而仲尼則曾子師也，故皆稱曰子。子曰者，孔子有言也。先王，先世天下王也。德與道，實一理也。德，即人得於天之道，故行道而有得於心為德，宜通言也。至德，至極之德，謂所得者；要道，要約_{要緊}，關鍵之道，謂所行者。以，猶用也。天下原自順者，以此順之；天下或不順者，亦以此順之而順，故曰以順天下。民，天下人也。和睦者，和而敬和也。睦，敬和也。如和非敬和，非道德之和也。民用此_{因而}，_{因此}和睦，在上在下皆無怨，所謂順也。汝知之乎，孔子發端而問曾子也。避席者，避坐席而起，弟子對師問之禮也。參，曾子名也。敏，才敏也，言參不才敏，何足以知此也。夫，語辭。善事父母為孝。本，猶根也。由，從也。孔子乃明言之曰，夫孝，德之本也，明乎孝為至德焉；教之所由生也，明乎孝為要道焉。《論語》曰："君子務本，本立而道生。"《學而》《中庸》曰："脩道之謂教。"復坐_{重新坐下}者，以曾子起對而命之復坐也。語 yù，猶告也，所語在下文。(辭，與詞同)

述曰：《論語》敘子貢稱孔子曰仲尼，稱其師之字也。今曾子門人稱孔子而以字尊之，是著其為師之師也。於孔子著其字而未稱氏，於曾子著其氏而未稱字，蓋既有所著，則未稱者從可知也。省文也，以曾子固自稱其名也。《論語說》云："孔子生魯昌平鄉陬邑，父叔梁紇 hé，母顏氏。"《禮說》云："孔子之母名徵在。"《史記·世家》云："禱_{向神禱告求福}於尼丘_{山名，今山東曲阜東南}得孔子，故名丘，字仲尼。"《孔子世家》《爾雅說》云："四方高而中下，曰尼丘。"蓋魯有尼丘山也。桓六年《左傳》言名子有五者，其三曰"以類命為象",杜晉人杜預《注》云:"若孔子首象尼丘。"邢《疏》據杜義焉。《禮說》云,長幼以伯仲稱,庶長稱孟,孔子有兄,其序字仲也。今山東行省兗州府曲阜縣,古之魯國在焉。鄭氏者,康成也,《後漢書》有傳。其傳稱所注有《孝經》,不誣也。《禮·郊特牲》疏引王肅字子雍,東海人,三國魏經學家釋社而難nàn,駁難鄭者,難鄭《孝經注》焉。或以為康成適同"嫡"孫鄭小同注者,非也。今詳《答問》。居,古文作"凥",鄭義見《釋文》。《禮》云"仲尼燕yān居退朝而處,閑居",《孝經》例同。《後漢書》稱明帝親御孔子講堂,謂故居焉。《曲禮》云:"侍坐於所尊敬。"蓋側而侍坐也,與側而侍立者不同。

《白虎通》①云:"子者,丈夫之通稱也。"蓋以其不負所生而美之也,故通稱焉。今以稱其師,則夫子之美稱而省文也。《書·鴻範》即《洪範》云:"天子作民父母,以為天下王。"此古之王者,異乎後世之諸侯王也。《經》曰"以順天下",明其為天下王焉。故曰"昔者明王之以孝治天下也"《孝治章》,其義然矣。《禮·祭義》云:"虞、夏、殷、周,天下之盛王也。"蓋古帝亦統以先王稱,《禮運》非稱上古為昔者先王邪?《樂記》云:"德者,得也。"蓋得於天而得於心也。《禮·鄉飲酒義》云:"德也者,得於身也。"此以身統心而言,猶《大學》以脩身統正心也。《說文》云:"道,所行道也。"此言當行之路也,蓋脩德者所行道亦然。《周官》云:"師氏以三德教國子。"《周禮·地官司徒·師氏》其一曰至德,其

---

① 東漢章帝建初四年(79年)召開白虎觀會議,講議《五經》異同,試圖彌合今古文之爭。班固整理會議討論結果,所成即為《白虎通義》,又名《白虎通德論》。

三曰孝德，蓋至德自孝德而統言，斯言其至極也。《易·繫辭傳》云："其要无咎，此之謂《易》之道也。"今於要道言《孝經》，斯言其要約也。《說文》云："以，用也。"今此《經》下文有"民用"之言，故曰"以猶用也"。《經》曰："先王有至德要道以順天下。"此一句讀也。其曰德，曰道，可微讀略微停頓焉。微讀之讀，音逗。《孝經》云："天地之性，人為貴。"《聖治章》又云："父子之道，天性也。"《聖治章》蓋天下原自順者，性善也。《易傳》云："將以順性命之理。"今《孝經》皆順其理焉。《孟子》言舜之順親為大孝者，則曰"瞽瞍厎豫得以歡樂而天下化教化"《離婁上》，言皆順也。《孝經》云："非孝者無親，此大亂之道也。"《五刑章》蓋天下或不順者，習於習慣於不善而亂也。《論語》稱有子言人之孝必不亂者，則曰"而好作亂者，未之有也"《學而》，言不順者亦順也。

《尚書說》云："民，人也。"《說文》云："睦，敬和也。"《中庸》所以言"和而不流"也。若流，則和非敬和矣，故言和者必言和睦焉。無怨者，上下無不順也。《經》自"汝知之乎"而上，皆未明言孝者，故《注》亦不以孝明言之，而為虛引之辭，叶經文也。今《疏》則明言孝者，欲易明爾。唐《御注》唐明皇《注》、司馬氏宋司馬光，下同《注》、范氏宋范祖禹，下同《注》及諸家說，於此宜酌酌取，選取焉。今詳《答問》。《曲禮》云："侍坐於先生，先生問焉，終則對。"又云："君子問更端另一件事，則起而對。"今孔子發端而問，非更端也。其禮當同。

《史記·仲尼弟子列傳》云："曾參，南武城人。字子輿，少孔子四十六歲。"南武城今山東費縣西南，魯邑也。《論語》云："敏而好學。"《公冶長》謂其才敏能知也。《釋文》云：

"敏,達也。"蓋義同。今不出之者,嫌類於聞言不達也。《論語》云:"參也魯。"《先進》蓋質魯鈍不才敏也。

夫,語辭,諸經訓皆然。《說文》云:"孝,善事父母者。從老省,從子,子承老也。"《爾雅·釋訓》云:"善父母為孝。"言善事親也。《說文》云:"本,從木,一在下,木之根也。"《爾雅·釋詁》"由"、"從"義同,《周官·師氏》言孝德而先言至德者,則曰:"至德以為道本。"蓋德之本即道之本也,言道由此生也。《大戴禮記·曾子大孝篇》云:"民之本教曰孝。"其說也。《中庸》云:"誠者,天之道也。"《大學》所謂"明德"也。其曰:"誠之者,人之道也。"《大學》所謂"明明德"也。《孝經》所以言德、言道,而下文必言天生人之性也。《論語說》云:"性有五德,仁、義、禮、智、信也。"而仁為德元_{居首位},故《中庸》云:"仁者,人也,親親為大。"此《大學》明德必始於孝以仁親,則明德之本始於斯也。有子云:"孝弟_{tì,義同"悌",尊敬兄長也}者,其為仁之本與!"為仁者,行仁也。孝則必弟,行仁之本,先仁親也。由今考之,《論語》云:"中庸之為德也,其至矣乎。"《中庸》云:"舜其大孝也與,德為聖人。"言至德也,故曰:"苟不至德,至道不凝焉。"《孟子》云:"堯舜之道,孝弟而已矣。"《告子下》蓋受其教者,孝則必弟,斯孝之道,其要也。今以《書·堯典》言之,堯欲讓天下於有德焉,而眾舉舜者,惟曰:"父頑_{愚頑}、母嚚_{yín,暴虐}、象舜之弟傲_{傲慢},克諧以孝_{能用孝道與他們和諧相處}。"蓋孝該友而言,則諸德皆該也,故曰:"夫孝,德之本也。"及堯以司徒職試舜焉,遂曰:"五典克從。"《書·舜典》"五典"者,司徒五教也,《孟子》云"父子有親,君臣有義,夫婦有別,長幼有序,朋友有信"《滕文公上》是也。五教必先以"父子有親"者,本乎孝也。舜身教以孝,則五典能從而無違教也,故曰:"教之所由生也。"邢《疏》言"五教"者,據文十八年《左傳》言之,猶未洽也。《論語》云:"子曰:'參乎,吾道一以貫之。'曾子曰:'唯。'"《里仁》蓋至是則曾子既知之,而應之速矣,其異於此語孝時歟?今自《孝經》言之,"夫孝,德之本也",其一也。"教之所由生也",其以貫之也。"吾道"者,聖人之德則行焉。道之全體,本也,《中庸》所謂"大德敦化"也;道之一端,本所生也,《中庸》所謂"小德川流"也,皆可於先王至德要道而互明也。

　　陬 zōu,側留反,"鄹"之異文也。凡言某某反者,反與翻通。所反兩字,其上字雙聲二字聲母相同也,取其音之位;其下字疊韻二字韻母相同也,取其音之類。故於位得音,如射的然。位者,牙齒唇舌喉自然出音之位次也。今若側、陬雙聲,留、陬疊韻,其例也。此天定自然,雖小學亦能之。紇,下發反。長,丁丈反。難鄭之難,讀去聲。適孫,猶嫡孫。瞽瞍,舜父,蓋以無目而名。厎,讀若旨。凡言"讀若"者,從漢讀例而取其音也。厎,致也。豫,悅樂也。《易·象傳》云:"豫,順以動。"其象也。更,讀平聲。本與、也與,皆讀"與"若"歟"。凝,聚也,成也。母,舜後母。嚚,魚巾反。僖二十四年《左傳》云:"心不則德義之經為頑,口不道忠信之言為嚚。"象,舜異母弟名。傲,慢也。《釋訓》云:"善兄弟為友。"言兄弟相善也。孝該友,猶孝該弟也。《論語》朱《注》云:"善事父母為孝,善事兄長為弟。"蓋弟善於兄以成孝也。克從之從,無違也,與由從之從不同。克,能也。唯,應之速應答迅速也,讀上聲。敦化者,敦厚其德化之本也。川流者,其德如川之大水分流為小水也。

"身體髮膚,受之父母,不敢毀傷,孝之始也。立身行道,揚名於後世,以顯父母,孝之終也。(膚,方無反。毁,於詭反)

此孔子語曾子以孝之始終也。身體軀體四肢,言其大者;髮膚毛髮皮膚,言其微者,合之則言其全矣。唐玄宗曰:"父母全而生之,己當全而歸之,故不敢毀傷損毀,殘傷。"范氏曰:"身體髮膚受於親,而愛之不敢忘,則不為不善,以虧毀壞,損傷其體而辱其身。此所以為孝之始也。"立身者,自立其身也。身則受之父母,當有以立也。《學記》《禮記》篇名曰:"強立而不反。"行道者,行其身當行之道也。《易》曰:"苟非其人,道不虛行。"《繫辭傳下》惟立身者能行道焉。既有立身之實,斯有後世之名,非當世虛名比矣。故父母以子揚名而顯於後世,此所以為孝之終也。皇氏皇侃(488－545),南朝梁經學家,著《孝經義疏》、《論語義疏》等曰:"《祭義》《禮記》篇名云,孝也者,國人稱願然稱許羨慕的樣子。一說"然"屬下讀,為轉折連詞曰:'幸哉,有子如此!'"《孔子對哀公問》《禮記》篇名云:"君子也者,人之成名也。百姓歸之名,謂之君子之子,是使其親為君子也,則揚名榮親使父母榮耀也。"

司馬氏曰:"或言孔子云,'有殺身以成仁'《衛靈公》,然則仁者固不孝與?曰:非也。此之所言,常道也通常情況下;彼之所言,遭時不得已而為之也。"今案:司馬說以彼此別之,其義明矣。然此《孝經》非不該包括彼義也。經所謂道者,其備具備常變指常態與變態者乎?《詩》云"既明且哲,以保其身"《大雅·烝民》,行道實踐自己的主張之常也;《論語》云"有殺身以成仁",行道之變變通也。故身不毀傷者,豈不曰孝之始也邪? 斯孝非惟以是終也。曾子居武城,寇至而去;子思居衛,寇至而守①。《孟子》云:"曾子、子思同道。曾子,師也,父兄指代前輩也;子思,臣也,微也。曾子、子思,易地對換位置則皆然。"皆行道也。如曾子而行道之變邪,則其所謂"臨大節而不可奪也"《論語·泰伯》,意謂面臨生死存亡的緊要關頭卻不屈服動搖,其死節為保全節操而死以成君子人也,亦無異其臨終之啟指掀開被子看手啟足②而知免免於刑戮也。(與,平聲)

述曰:邢《疏》云:"身,謂躬也。"邢據《釋詁》,躬、身義同。邢《疏》云:"體,謂四支也。"《禮運》《禮記》篇名曰"四體既正",此舊疏可考焉。髮,謂毛髮也。《內則》《禮記》篇名言子生者云:"三月之末,擇日翦髮為鬌 duǒ,兒童剪髮後留下的一部分頭髮,男角古時男子未達服役年齡時的髮飾,頭頂兩側束髮為髻,形如牛角,故稱女羈古代女孩的髮髻,否則男左女右指男女各在頭之左右留一塊頭髮。"鄭《禮注》云:"鬌,所遺髮也。夾囟 xìn,腦門,頂門曰角,午達曰羈。"孔《疏》云:"髮所留不翦者謂之鬌,一縱一橫曰午。"《內則》言子事父母者云:"櫛縰 zhì xǐ,櫛,梳髮。縰,用繒束髮髻。後因以泛指事奉父母起居笄總插笄束髮。"《注》云:"縰,韜

---

① 《孟子·離婁下》云:"曾子居武城,有越寇。或曰:'寇至,盍去諸?'曰:'無寓人於我室,毀傷其薪木。'寇退,則曰:'修我牆屋,我將反。'寇退,曾子反。……子思居於衛,有齊寇。或曰:'寇至,盍去諸?'子思曰:'如伋去,君誰與守?'"
② 《論語·泰伯》云:"曾子有疾,召門弟子曰:'啟予足!啟予手!《詩》云:"戰戰兢兢,如臨深淵,如履薄冰。"而今而後,吾知免夫!小子!'"朱熹《論語集注》卷四云:"曾子平日以為身體受於父母,不敢毀傷,故於此使弟子開其衾而視之。"

髮古禮，未成年者用幘巾包扎頭髮，謂之韜髮者也。總，束髮也。"《禮說》云："櫛以治髮，笄以簪髮。"此異總角古時兒童束髮為兩結，向上分開，形狀如角，故稱。借指童年時焉。膚，謂皮膚也。《易·象傳》云："'剝床以膚'，切近災也。"斯憂其毀傷者矣。《詩·小雅》云："靡沒有瞻瞻仰匪不是父，靡依依靠匪母。不屬zhǔ，連于毛指父親，不罹附麗，依附于裹指母親。"言無瞻依非父母者。吾身體髮膚，豈不屬之罹之乎？蓋受之父母也。《禮·祭義》云："曾子聞諸夫子曰：父母全而生之，子全而歸之，可謂孝矣。不虧其體，不辱其身，可謂全矣。"此樂正子春曾子弟子聞諸曾子者焉。唐玄宗說、邢《疏》謂此依鄭《注》引《祭義》之言也。今錄范氏說，亦由《祭義》而申之。玄宗者，唐第六帝也，李氏，詳《唐書》本紀。范氏者，祖禹也，《宋史》有傳。鬌，丁果反。羈，居宜反。囟，讀信，上聲。縱，讀平聲。櫛，讀若節。縰，讀若徙，笄，古兮反。韜，吐刀反。剝，北角反。罹，與離通。裹，母胎也。《中庸》云："修身則道立。"明乎立身者以道立也，故《經》下文惟曰"終於立身"。言立身，則行道可知也。唐《注》、司馬及范《注》，無釋"立"焉。邢《疏》云："成立其身。"則釋之矣。而非說以《學記》，猶未明歟。強立者，自立其身之強也。強立而不反，斯不與道違反也。引"其人"者，《易·繫辭傳》文。《論語》云："君子疾遺恨沒世而名不稱到死而名聲不被人稱頌焉。"《衛靈公》夫沒世所稱，則後世之名也。皇氏者，侃也，《梁書》有傳。其言"揚名榮親"而引《禮·祭義》、《禮·哀公問》者，邢《疏》稱焉。

司馬氏者，光也，《宋史》有傳。引"保身"者，《詩·烝民》文。《論語》云"臨大節而不可奪也",遂云"君子人也",此曾子之言。曾子知免,《論語》書之矣。《後漢書》稱毛義仕為親屈東漢虞江人毛義被封縣令,義為使母親高興而屈尊就任,母死後不再為官,《宋史》稱尹焞 tūn,字彥明,河南洛陽人,北宋理學家以善養母,不以祿養,皆孝子之立身行道者。今詳《答問》。

"夫孝,始於事親,中於事君,終於立身。

《經》上文稱孝之始,又稱孝之終,以非明終則不明始焉。《經》下文曰:"故自天子至於庶人,孝無終始,而患不及者,未之有也。"蓋凡為人子者,孝無論終始,皆當及斯矣。其孝而繼世繼承先世天子,則不以中於事君別焉,如夏啟、周成王是也;其孝而終身庶人,則不以事君著彰顯,顯著焉,如顏子顏淵,孔子弟子是也。《經》上文所以惟語孝之始終也,若夫天子嘗為臣而中於事君者有矣,如虞舜、夏禹、商湯、周武是也。庶人既為臣而中於事君者,其常也,故《經》於此文統始終而以中於事君者語之。蓋孝子由事親而事君之道,必以立身之道而行。《孟子》稱舜避堯之子,禹避舜之子,天下之民從之,然後踐特指登基,繼承帝位天子位。故《中庸》稱舜曰"大孝",《論語》稱禹曰"致孝",《皋陶謨》言於舜而禹拜之者曰"慎厥身脩",此其禪讓而終於立身之道也。《易》稱:"湯武革命,順乎天而應乎人。"《易·革·彖辭》故《商頌》稱湯孫孝祀祭祀,享祭者曰:"昔有成湯。"《詩·商頌·殷武》《中庸》稱武王達孝最大的孝道者曰:"壹通"殪",殺死戎大衣讀如殷,指商朝。一說"壹戎"為"殪戎",動詞連用,意為用武力消滅而有天下,身不失天下之顯名。"《孟子》所謂:"湯、武身之也。"此其征誅討伐而終於立身之道也。《論語》稱:"天下有道則見xiàn,出來做官,無道則隱。"《孟子》稱:"孔子進以禮,退以義。"故《孟子》稱聖人之行者曰:"或遠或近,或去離開或不去,歸歸根到底潔其身潔淨自身而已矣。"《詩序》所謂"孝子之潔白也"《小雅·白華序》,此其仕宦而終於立身之道也。若此者,皆中於事君,由始而終,無非孝也。(皋陶,音高遙。禪,音擅。見,賢遍反。聖人之行,讀行去聲)

述曰:唐玄宗《注》云:"言行孝以事親為始,事君為中,忠孝道著,乃能揚名榮親,故曰終於立身也。"此自仕宦者言之矣。固先王以順天下也,而先王禪讓及征誅者未備焉。夏啟者,禹之子也。《孟子》云:"啟賢,能敬承繼禹之道能夠敬謹地繼承禹的傳統。"蓋孝子也。周成王者,武王之子也。《周頌》云"維予小子",蓋成王之孝思孝親之思也。漢天子繼世即位者,其謚皆以"孝"稱,若孝惠帝而下皆然也。《孟子》云:"顏子當亂世,居於陋巷,一簞古代用來盛飯食的盛器,用竹或葦編成,圓形,有蓋食飯食,一瓢飲,人不堪其憂,顏子不改其樂,孔子賢之。"《離婁下》蓋《論語》賢其樂道也。故《大戴禮》敘孔子美稱讚顏子,說之以《詩》云"永言孝思",謂其可為王佐輔佐君主成就王業的人而成天子之孝也。雖其隱居,其於孝之道宜自永永久,永遠矣。食,讀若嗣。樂,讀若落。

《孟子》云:"堯崩,三年之喪畢,舜避堯之子於南河指古黃河的支流濮水之南。天下諸侯朝覲者,不之到……去堯之子而之舜;訟獄打官司者,不之堯之子而之舜;謳歌者,不謳歌堯之子而謳歌舜，故曰天也。夫然後之中國踐天子位焉 指回到首都，登上帝位。而居堯之宮，逼堯之子，是篡也，非天與也。""舜崩，三年之喪畢，禹避舜之子於陽城 山名，今河南登封北。一說邑名，天下之民從之，若堯崩之後不從堯之子而從舜也。"以上二段引文皆出《孟子·萬章上》蓋舜、禹受禪讓，皆以孝子為忠臣，而非篡天子位者。昔齊宣王以湯放 流放桀、武王伐紂而問孟子也，曰："臣弒其君，可乎？"孟子本《書·大誓》言"獨夫紂"者而對之，則曰："賊仁者謂之賊，賊義者謂之殘，殘賊之人謂之一夫 眾叛親離之人，暴君。聞誅一夫紂矣，未聞弒君也。"《梁惠王下》此紂之無道，而武王伐之，所以身不失天下之顯名而為達孝也，則成湯可知也。《詩·商頌》言湯孫之祀矣，其祀也，其孝也，以湯承祖玄王契 xiè，商代始祖之業而追孝也。蓋湯、武遇征誅，皆以孝子為忠臣，而非弒君冀 企圖，非分地謀求天子者。《詩序》云："白華，孝子之絜白也。"絜，與絜通。蓋庶人有仕宦之時，當以孝子為忠臣，而非離道 背離道義苟 苟且，不慎自污 自我玷污者。朝，讀若潮。《皋陶謨》，《虞書》名。契，息列反。華，讀若花。邢《疏》引鄭《注》，以為父母生之，是事親為始；四十強而仕，是事君為中；七十致仕 辭去官職，是立身為終也。鄭言"立身"者，未盡其義也。

"《大雅》云：'無念爾祖，聿脩厥德'。"（聿，音律）

《大雅》者，《詩》言王政 國君的政令之大以正人也。雅，正也。此引《詩·大雅·文王》之篇，以結 總結上文之意。

范氏以爲《記》所謂"必則古昔取法古事，稱先王稱舉先王"《禮記‧曲禮》者，是也。無念，念也。言無念爾祖乎，蓋孝於親者，必念其祖也。聿，遂也。遂者，言其從始嚮終也，自上文孝之始終而言。厥，其也。德者，行道而有得於心也。上文言立身之道，此引《詩》言遂脩脩治，脩明其德，以此見孝爲要道重要的道理、方法，即爲至德也。《大雅》言王政之大以正人，言其本由於德，則以身教也，皆結上文之意也。故下文言孝以順天下者，自教而及政焉。

述曰：《詩序》云："雅者，正也，言王政所由廢興也。政有小大，故有《小雅》焉，有《大雅》焉。"《孝經》引《詩》，其下諸章皆統稱《詩》，惟此首章獨以《大雅》稱，則明其自教而及政故也。引《記》者，《曲禮》文。《詩‧文王》毛《傳》云："無念，念也。"蓋讀"無"爲活辭助詞，用於句首，無實際意義，猶《論語》馬《注》云："無寧，寧也。"《詩》孔《疏》以"爾祖"爲文王，今斷章取義焉，則人各有爾祖也。毛《傳》云："聿，述遵循，繼承也。"唐《御注》云"述脩其德"，從毛說焉。《釋言》《爾雅‧釋言》云："遹 yù，述也。"毛釋"聿"與"遹"通。今考《詩‧蟋蟀》毛《傳》云："聿，遂也。"孔《疏》云："遂者，從始嚮末之言也。"蓋末猶終也。以言《孝經》此文，於上文始終之義尤洽符合也。此與《商書》"聿求元聖"《書‧湯誥》之"聿"同。夫"脩其德"者，如其遂之，則無不述之矣。《詩‧緜》鄭《箋》云："聿，自也。"此以《釋詁》言之。自，猶從也。或釋"聿脩"爲"自脩"，非也。厥，其，《釋言》文。邢《疏》引鄭《注》云："雅者，正也。方始發章，以正爲始。"鄭不於《詩》言王政之大以正人者而明之，無以申上文"先王本孝"之義。然其引《詩序》者可資取用焉。或曰,《經》言事親,何以引《詩》言"念祖"乎？此極深探,窮究先王本孝之義,以盡其心也。《經》所以言周公因文王而及后稷周代始祖,教民耕種也。

天子章第二

述曰：章列第若干數《孝經》全文共分十八章，欲小學之易知也。蓋從邢《疏》本焉。此與唐石臺本唐石經天寶四年(745年)，唐玄宗親自作序、注解、書寫，刻於碑，下有三層石階，故稱《石臺孝經》同。《釋文》用鄭《注》本，惟列章名，無第數也。邢《疏》稱《禮·表記》云："唯天子受命于天，故曰天子。"是也。《詩·時邁》云："昊天其子之上天視我如同兒子。"其義也，《商頌》云："允信實，誠信也天子。"《周書》云："告嗣天子王矣告訴繼嗣天子大位的王。"故邢《疏》據《白虎通》云："殷周以來，始謂王者為天子也。"由今考之，《虞夏書》今亡者多，豈可言虞夏以上未有此名乎？《中庸》述孔子言舜之受命也，曰"尊為天子"。《孟子》據《堯典》言舜攝代理君位，非南面指居帝王之位也。曰舜既為天子矣，又帥天下諸侯以為堯三年喪，是二天子矣，此其從天子立文。如非本《虞書》未亡者有此名也，何為立文若此乎？昊，何老反。商改號曰殷。帥，讀若率。

子曰："愛親者，不敢惡於人；敬親者，不敢慢於人。愛敬盡於事親，而德教加於百姓，刑于四海。蓋天子之孝也。
《甫刑》云：'一人有慶，兆民賴之。'"（惡，烏路反。慢，亡諫反。甫，音斧）

此又稱"子曰"者，更端之辭也。唐玄宗曰："愛親者，不敢惡於人，博愛也；敬親者，不敢慢於人，廣敬也。"此世稱唐天子說焉。《孟子》曰："老吾老孝敬自己的長輩以及人之老。"《梁惠王上》宜善推推己及人也。天子而言不敢者，天子之慎也。《經》下文言"天子"者，所以言脩身慎行也。《皋陶謨》曰："兢兢業業，一日二日萬幾。"故禹戒舜曰"慎乃在位謹慎地對待你所在之位"，慎則有不敢焉。司馬氏曰："不敢惡慢，明出乎此者，返乎彼者也。惡慢於人，則人亦惡慢之。如此，辱將及親。"是也。《孟子》曰："愛人者，人恒愛之；敬人者，人恒敬之。"《離婁下》宜自反反躬自問，自我反省也。盡者，盡其道也。盡愛敬之道以事親，則天子教天下者以身教矣，故稱德教此指孝道的教育焉。加，猶施也。百姓者，百族生民也。刑，法以……為法也，法其德教也。《禹貢》曰："聲教聲威教化訖達，至于四海。"言法之也。《爾雅》曰："九夷、八狄、七戎、六蠻，謂之四海。"此見中國天子在四海之內也。范氏曰："天子愛親，則四海之內無不愛其親者矣；天子敬親，則四海之內無不敬其親者矣。天子者，所以為法於四海也。"是也。《大學》曰："君子不出家而成教於國"，"上老老而民興孝"，宜相發相互發明也。蓋者，大略之辭。蓋天子之孝也，謂其大略焉。《甫刑》，《周書》篇名，即《呂刑》也，此《書》言"五刑"者。一人，天子也。慶，善也。萬億曰兆。

《左傳》曰:"天子曰兆民。"眾數也。《祭義》之言孝曰:"刑自反此作刑罰由於違反這種篤孝而產生。"今《甫刑》言一人有德之善,眾民皆賴之以善,其意謂天子尚德不尚刑也。(更、及、幾,皆平聲。訖,居迄反)

述曰:《論語·述而篇》言"聖人"及"有恒者",疊為"子曰"之文①,其辭更端故也。猶《書·多方》、《多士篇》,稱"王曰"者數也。今《孝經》例同。數,讀若朔。唐玄宗說、邢《疏》謂此依魏《注》當指魏代王肅、劉劭二家之注。參《讀書堂答問》之《庶人章》第三條也。今詳《答問》。

《經》曰:"昔者明王之以孝治天下也,不敢遺遺忘小國之臣,而況於公、侯、伯、子、男乎?"《孝治章第八》唐玄宗《御注序》,謂嘗三復多次反復斯言矣。夫不敢遺者,即不敢惡慢之心也。其唐開元唐玄宗年號(713-741)時天子之心而有不敢者存歟?惜其後失德於天寶唐玄宗年號(742-756)時也。《論語》云:"不以人廢言。"《衛靈公》今采唐說,豈其廢邪?《孟子》言"老吾老"者,猶謂孝吾親也。人之老,人之親也,自吾及人,斯博愛、廣敬之道也,斯道非不敢遺者邪?《釋訓》《爾雅·釋訓》云:"兢兢,戒也。業業,危也。"《說文》云:"幾,微隱微,事物的徵兆也。"《易傳》所謂:"幾者,動之微也。"夫且戒且危,一日二日間而有萬事幾矣,斯其慎也,其不敢也。《大學》云:"言悖而出者,亦悖而入。"謂反報復,回報之也,此平天下者不可以不慎也。《孟子》述曾子云:"戒之戒之,出乎

---

① 《論語·述而》:"子曰:'聖人,吾不得而見之矣;得見君子者,斯可矣。'子曰:'善人,吾不得而見之矣;得見有恆者,斯可矣。亡而為有,虛而為盈,約而為泰,難乎有恆矣。'"

爾者,反乎爾者也你怎樣對待別人,別人也怎樣回報你。"司馬說釋"不敢"者資焉。返,與反通。《詩·小雅》云:"天保定爾上天保佑您君主。"鄭《箋》云:"爾,女也。"女王也。女,古通汝。《虞書》云:"禹曰,安汝止安汝之所止,意謂不要妄動。"告帝舜也。古人質,無爾、汝嫌矣。後世不同,故司馬說本曾子而易變換其文。返,不用反,亦酌擇善而取焉。今由其釋"不敢"者觀之,其稱天子"名相"也,宜哉!司馬說與范說,皆其進於天子者也。范氏為侍講,以古義參驗證時事,當時稱"講官第一",固有由矣。

《孟子》云"舜盡事親之道",舜為天子者也。《論語》稱"加諸人",亦稱"施於人"。釋者云:"加,猶施也。"《說文》云:"姓,人所生也。"今自生民族姓家族姓氏言之,故曰百姓。"刑,法",《釋詁》文。《禹貢》,《夏書》篇名。《尚書說》:"訖,猶盡也。"引《爾雅》者,《釋地》文。《禮·祭義》稱曾子云:"夫孝,溥之而橫乎四海,推而放諸東海而準,推而放諸西海而準,推而放諸南海而準,推而放諸北海而準。"惟準,乃法之矣。鄭《禮注》云:"放,猶至也。"放,讀上聲。《大學》云:"古之欲明明德於天下者,先治其國。"言天子之國也。則德教所成者,宜由國而推矣。

唐《御注》云:"蓋,猶略也。孝道廣大,此略言之。"是矣,而其文宜酌焉。蓋者,大略之辭,不可謂"蓋猶略"也。《呂刑》者,周穆王以五刑謀於呂侯也。宣王時,呂改為甫。《詩·崧高》云:"生甫及申。"在宣王時也。甫者,四嶽傳說中堯舜時代的四方部落首領。一說:四嶽為堯臣羲、和四子,分掌四方諸侯之後,《周語》所謂有呂也,故《呂刑》又稱"甫刑"。《禮·表記》、《緇衣篇》引《甫刑》者，今皆為《呂刑》文。《漢志》云："穆王命甫侯作刑，言五刑也。"此與"刑于四海"之"刑"不同。《曲禮》云："君天下曰天子。"其言天子自稱者，曰予一人；此謙辭也，言予亦一人爾。《詩·下武》毛《傳》云："一人，天子也。"《詩》自天下稱之為一人，此尊稱也。慶，善，《詩·皇矣》毛《傳》義也。萬億曰兆，《禮·內則》鄭《注》"兆民"義也。唐《御注》云："十億曰兆。"今不從者，以天子之民宜眾應當更多也。算家算學家謂數有三等：十萬曰億，十億曰兆，下數也；百萬曰億，萬億曰兆，中數也；萬萬曰億，億億曰兆，上數也。《詩·伐檀》毛《傳》釋"億"者，從上數焉。毛言禾數，非言民數也。引《左傳》者，閔元年文。《經》曰"刑于四海"，《釋文》唐陸德明所撰《经典释文》從鄭本作"形于"。又出鄭《注》云，形見，讀"見"，賢遍反。《釋詁》云："于，於也。"《左傳》、《漢書》，于、於多參用者。或因上句"加於"，而此作"刑於"，非古本也。《詩·大雅》云"刑于寡妻"，其為文同。"三復"之"三"，"名相"之"相"，皆讀去聲。

諸侯章第三

述曰：邢《疏》稱《釋詁》云："公、侯，君也。"不曰"諸公"者，嫌涉天子三公_{古代中央最高的三種官銜，周代指太師、太傅、太保}也。其稱諸侯，猶言諸國君也。

在上不驕，高而不危；制節謹度，滿而不溢。高而不危，所以長守貴也。滿而不溢，所以長守富也。富貴不離其身，然後能保其社稷，而和其民人。蓋諸侯之孝也。《詩》云："戰戰兢兢，如臨深淵，如履薄冰。"（溢，音逸。離，去聲。兢，音矜）

諸侯在上，貴為國君，斯高矣。惟諸侯不驕者，則無矜高_{高傲自大}，故高而不危。諸侯在上，富有一國，斯滿_{指財富充足}矣。惟諸侯不驕者，制乎禮節_{花費節省，生活儉樸}，謹乎法度_{嚴守禮法，合乎法度}，則能持滿_{保守成業}，故滿而不溢。《易》曰："節以制度，不傷財，不害民。"《詩》曰："謹爾侯度。"皆不驕之實_{實質內容}焉。其義通富貴言之，皇氏_{皇侃}以為互文，是也，故《左傳》曰："富而不驕者鮮_少。"溢，盈出也。長守，謂世享世代享有也。不離,謂不以罪奪去也。《周官》曰:"爵賜爵以馭統御其貴意謂使臣下尊貴,祿授祿以馭其富富有。"爵、貴乃祿、富也,故言長守者以"貴富"為序。《周官》曰:"奪剝奪以馭其貧。"言貧則該包括賤,奪富有漸依照次序,遂奪貴也。故言不離者以"富貴"為序,斯變文者焉。社,土神。稷,穀神。民,無位者。人,有位者。天子命諸侯主社稷、民人,以傳國帝王傳位於子孫或他人者也。能保保住而和協和,和睦之,則傳國世享者長矣。故諸侯之孝,大略然也。《詩》,《小雅・小旻》之篇。戰戰,恐懼也。兢兢,戒慎警惕謹慎也。臨深淵,在上恐墜也。履冰,在上恐陷也。今在上不驕者如之。(鮮,上聲。馭,音御。旻,武巾反)

述曰:邢《疏》引皇侃說,謂其云在上不驕以戒防備,鑒戒貴,應云不奢以戒富。此不例不合常例者,互文也。今考互文之體,《尚書》、《論語》諸經皆有之矣。此當因皇說而申引申焉。唐《御注》、司馬及范《注》,皆以驕與奢分言,斯《經》文未叶xié,和洽,相合歟?隱三年《左傳》稱:"石碏què,春秋衛國人云,驕、奢、淫、泆,所自邪走上邪路的來由也。四者之來產生,寵祿給予寵倖和富貴過也。"泆與溢通。《曲禮》云:"富貴而知好禮,則不驕不淫。"此言驕淫,猶其言驕奢,皆分言也。惟四者"驕"列其先,其下三者皆生於驕而為所統統攝也。故奢曰驕奢,淫曰驕淫,泆曰驕泆。《孝經・紀孝行章》云:"事親者居上不驕,居上而驕則亡。"明以驕統諸惡焉。《中庸》亦惟言"居上不驕"矣。《論語》稱:"富而無驕,未若富而好禮者也。"《學而》故董子西漢大儒董仲舒思重禮節之君子焉。重禮節,則不驕可知矣。是不驕非惟自貴言之,其義明也。《史記》稱魏子擊即魏武侯，公元前396年—前370年在位，與韓、趙三家滅晉，使魏成為戰國七雄之一云："富貴者驕人乎？"《老子》云："富貴而驕。"《荀子》云："小人以驕溢人。"《韓詩外傳》云："驕溢之君。"斯古語皆然。

《說文》云："危，在高而懼也。从厃，人在厓上，自卪止之也。"卪，古文"節"字。徐氏云："《孝經》，高而不危，制節謹度，故从卪。"徐於此以互文說焉。引"制度"者，《易·節·象傳》文。唐《御注》云："費用約儉，謂之制節。"邢《疏》云："此依鄭《注》也。"司馬《注》云："制財用之節。"此用莊二十三年《左傳》文也，皆《易》所謂"不傷財"也。自富言之，是矣。《易》所謂"不害民"者，若節民勞減除百姓的勞頓諸事也，豈皆財用乎？《禮器》云："先王之制禮也以節事行事有節制。"自貴言之，皆有事焉。天子制禮節，諸侯從其制，故曰"制乎禮節"。引"謹度"者，《詩·抑》文，此衛武公自警以謹諸侯法度也。《詩·楚茨》云："禮儀卒度盡合法度。"言盡度也，富貴無不宜也。昭十年《左傳》云："《書》曰：'欲敗度，縱敗禮。'"言縱其欲而敗禮之度也。富貴皆所戒也，故曰"謹乎法度"，而《經》之互文可察矣。昭二十九年《左傳》云："仲尼曰：'夫晉國將守唐叔唐叔虞，周武王幼子，晉國開國始祖之所受法度，以經緯其民。民是以能尊其貴，貴是以能守其業。貴賤不愆qiān，違背，所謂度也。'"然則度者受於天子焉，自貴言之，可不謹邪？

《易·屯·象傳》云："以貴下賤，大得民也。"若驕者在上矜高，能降下乎？故石碏謂驕而能降者，鮮矣。《晉書》以王衍字夷甫，晉琅琊（今山東臨沂）人，一代名士為矜高，其類也。

《荀子·宥坐篇》敍挹水舀水注敧 qī,傾斜器者,則云:"中而正,滿而覆,虛而敧。"因稱孔子言持滿之道也。有曰:"富有四海,守之以謙。"夫謙者,不驕之義也。則富有一國,其守當同。范《注》云:"有千乘 shèng,兵車千輛之國,可謂滿矣。"今考《周官》之制,諸侯五等,公、侯、伯、子、男,當各為一國滿焉,非概一律千乘也。集注引《左傳》者,定十三年文。《釋詁》云:"溢,盈也。"《廣雅》云:"溢,出也。"謂盈出其多者。《書·康誥》有"世享"之言,勉衛康叔以世享其國也。引《周官》者,《大宰》文。《書·鴻範》云"五福",二曰富。此以禄為富,斯貴在其中矣。《禮·內則》稱"貴富",《周易》諸經每稱"富貴",此便文也,以其非同為一章也。今同為一章,而先後之序不同,邢《疏》以為便文,非也。《虞書》云:"三載考績三年考察一次政績,三考黜陟 chù zhì,罷免提拔幽明昏庸賢明。"《白虎通》引《尚書》曰:"三年一考,少黜以地稍稍剝奪他的土地。"此奪富有漸者,如三考而黜,遂奪貴也。後世奪官,亦先奪俸多寡也。

　　《白虎通》云:"人非土而不立,非穀不食。"言社稷功也。此社稷所以為諸侯之守也。《周官·宗伯》注云:"社稷,土穀之神,有德者配食配享焉。"是也。昭二十九年《左傳》云:"五行之官,是謂五官,實列受氏姓,封為上公,祀為貴神,社稷五祀,是尊是奉。共工氏中國上古傳說人物,姜姓,炎帝後裔,長於治水,對農業生產做出重要貢獻有子曰句 gōu 龍,為后土,后土為社。稷,田正古代田官之長也。有烈山氏又稱赤帝、神農氏,一說即指炎帝,傳說是農耕和醫藥的發明者之子曰柱,為稷,自夏以上祀之。周弃周部落的先祖,大約生活在舜禹時期亦為稷,自商以來祀之。"《禮・祭法》言祀以為社、祀以為稷者,亦同。弃,古棄字。蓋句龍、柱、弃,鄭所謂配食者也,故曰為社為稷,猶《中庸》稱"郊社";而后稷配郊,則祭法亦稱"郊稷"焉。惟古左氏說,謂句龍、柱、弃為社稷,即社稷矣,非配食者也。許氏東漢許慎《五經異義》從古左氏說,王肅三國魏經學家亦同,《禮・郊特牲》疏可考焉。《異義》稱《今孝經說》曰:"社者,土地之主。土地廣博不可徧敬,封五土指青、赤、白、黑、黃五色土以為社。稷者,五穀之長,穀眾多不可徧敬,故立稷而祭之。許氏謹案:社是上公傳說古有五行之官,封為上公,祀為貴神,其土正曰后土,後因以"上公"指社神,非地祇qí,地神。禮緣生及死,故社稷人事之。既祭稷穀,不得以稷米祭稷,反自食。"蓋許不從《今孝經說》焉。《郊特牲》云:"社,祭土而主陰氣也。"又云:"社,所以神地之道也。"鄭駁許者,據此社義而言之,遂曰:"謂社神皆言上公,失之矣。"是也。《周官・大宗伯》云:"以血祭殺牲取血以祭神祭社稷、五祀祭祀五行之神、五嶽。"鄭駁許者,據此血祭而言之,則無稷自食之疑也。且曰:"社稷之神,若是句龍、柱、棄,不得先五嶽而食。"蓋鄭從《今孝經說》焉。《禮・王制》云:"喪三年不祭,唯祭天地社稷,為越紼fú,牽引棺材的大繩。越紼指不受私喪的限制,在喪期參加祭天地社稷的典禮而行事。"知天地以降,社稷尊矣。此天子之禮,而諸侯社稷可推也。《郊特牲》疏引王肅難鄭者,則稱:"《孝經》注云:'社,后土也。句龍為后土。'鄭既云'社,后土',則句龍也,是鄭自相違反。"然此王難鄭,而豈能難邪?今鄭《孝經注》釋社稷者雖不全,而以鄭諸經說參之,猶可知其意也。集注酌焉。邢《疏》引《韓詩外傳》

云：" 天子大社即太社,古代天子為群姓祈福報功而設立的祭祀土神、穀神的場所,東方青,南方赤,西方白,北方黑,中央黄土。若封四方諸侯,各割其方色土,苴 jū,襯墊以白茅而與之,諸侯以此土封之為社。" 是也。《周官·封人》云："凡封國,設其社稷之壝 wēi,壇、墠及其矮土圍牆的總稱。" 其制也。襄二十五年《左傳》云："君民者,豈以陵民淩駕於人民之上?社稷是主。" 言諸侯以國君主其祭而保之也。《書·皋陶謨》云："知人則哲知人善任可謂明智,能官人舉官得當;安民則惠安撫民眾可謂仁慈,黎民百姓懷之。" 此民為無位,而人為有位焉。《詩·假樂》云："宜民宜人。" 今以言諸侯,則主其治者,皆和之有所宜也。范氏《注》云："社稷、民人,所受於天子先君者也,故諸侯以守位為孝。" 其說然矣。而以受於先君為說,何以處始封之君最初分封的君主乎?今曰世享,則自始封而繼世焉。

《詩·小旻》毛《傳》云："戰戰,恐也。兢兢,戒也。如臨深淵,恐墜也。如履薄冰,恐陷也。" 唐《御注》云："戰戰,恐懼。兢兢,戒慎。臨深,恐墜。履薄,恐陷。" 邢《疏》云："此依鄭《注》也。" 今考《論語》敘曾子引此詩,朱《注》亦如鄭《注》,本毛《傳》而釋之。若曾子,非在上者也,而《孝經》則自在上者釋之,斯於經上文叶焉。宣十六年《左傳》引此詩,亦明其義曰："善人在上也。" 董子云："《詩》無達詁肯定確切的解說。" 其若斯歟!《中庸》有 "恐懼戒慎" 之言,今以脩脩飾此文,欲易明爾。《釋詁》云："戰、慄、震、恐,懼也。" 又云："震,動也。" 互而訓之,則恐懼亦動也。《釋訓》云："戰戰,動也。"《皋陶謨》言 "兢兢" 者,皆戒而慎之之辭。《釋訓》云："兢兢,戒也。" 毛《傳》與《釋訓》略同。其文古矣。

《論語》朱《注》、《易》鄭《注》，"臨深"為"臨淵"，"履薄"為"履冰"，以徒言臨深可也，徒言履薄，則不知所履云何。然臨淵則無不深者，而履冰又豈無堅厚非薄乎？皆省文而不如毛《傳》也。

彖，吐玩反。茨，徐咨反。屯，張倫反。碏，七略反。敧，傾也，去奇反。覆，芳服反。乘，讀去聲。大宰，猶太宰。共，與供通。句，讀若鉤。五穀之長，讀長，丁丈反。衹，讀若其。綍，所以輓柩車者，讀若弗。苴，藉也，千余反。壝，謂遺土築壇內外也，維癸反。假樂，猶嘉樂。慄，與栗通。《前漢書》稱河間獻王①脩學_{治學}好古，《後漢書》稱東平憲王②為善最樂，皆古諸侯之如《孝經》者。今詳《答問》。《詩·南山有臺》毛《傳》云："保，安也。"今不出之者，以無訓亦明也。

---

① 即劉德，西漢景帝之子。封為河間王，諡曰獻王。好儒學，相傳曾得《周官》、《尚書》等古文先秦舊書，並立《毛詩》、《左氏春秋》為博士。
② 即劉蒼，漢光武帝劉秀之子。公元39年，封東平公十七年，進爵為王。少好經書，睿智好學。漢明帝時曾主持修禮樂、定制度。明帝曾問："外家何等最樂？"答曰："為善最樂。"

卿大夫章第四

述曰：邢《疏》稱《白虎通》云："卿之為言章也，章善明理也。大夫之為言大扶，扶進人者也。"卿與章，古韻通，故疊韻焉。邢《疏》稱《周官·典命》云："王之卿六命，其大夫四命。"今連言者，以其行同，是也。《禮·王制》云"諸侯之上大夫周王室及各諸侯國的官階，分為卿、大夫、士三等，每等中又各分為上、中、下三級卿"，王朝以是推焉。《内則》云："五十命為大夫，服官政。"然春秋時則有少而世卿世代承襲為卿大夫者矣。朝，讀若潮。

非先王之法服不敢服，非先王之法言不敢道，非先王之德行不敢行。是故非法不言，非道不行；口無擇言，身無擇行；言滿天下無口過，行滿天下無怨惡：三者備矣，然後能守其宗廟。蓋卿大夫之孝也。《詩》云："夙夜匪懈，以事一人。"（不敢道，讀道去聲，與下"非道"讀道上聲不同。德行，讀行去聲，擇行、行滿，皆同。惡，烏路反。懈，佳賣反）

"先王之法服"古代根據禮法規定的不同等級的服飾者，謂章服繡有日月星辰等圖案的古代禮服,每圖為一章,天子十二章,群臣按品級以九、七、五、三章遞降及深衣古代上衣、下裳相連綴的一種服裝,是古代諸侯、大夫、士家居常穿的衣服,也是庶人的常禮服為天下法也。《傳》曰:"卿之內子妻子為大帶緇帶、素帶,大夫命婦成祭服。"《國語·魯語下》斯家法於法服見之矣。凡卿大夫言行有非者,其服必有非焉。《記》曰:"朝服之以縞白色生絹也,自季康子春秋末戰國初魯國季孫氏,名肥,曾任魯國正卿始也。"今明乎不敢有非者,則於其服先之。皇氏以為服在外先見,是也。服義易明,《經》不申說之。"先王之法言"者,謂《六經》之言為天下法也,非是則不敢道。道,猶言也。"先王之德行"者,謂其行皆行要道以成至德而順天下也,非是則不敢行,斯立身行道焉。言行多端而難明,《經》以是故申說之。《孟子》曰:"上無道揆以義理度量事物而制其宜也,下無法守以法度自守也。"今明乎法由於道德行,則行道而有得於心者,"非法不言",所言皆道也;"非道不行",所行皆法也。擇,猶選也,謂選其非也。"非法不言",則口無擇言而立身矣。《甫刑》曰:"罔有擇言在躬自己不要說不合法度的話。"此所以"言滿天下無口過"也。"非道不行",則身無擇行而成德矣。《國風》曰:"威儀棣棣,不可選也。"《邶風·柏舟》此所以"行滿天下無怨惡"也。必極之天下者,明乎其言行之順天下也。唐玄宗曰:"三者,服、言、行也。備此三者,則能長守宗廟。禮,卿大夫立三廟。"是也。《射義》曰:"《采蘋》者,樂循法遵循法度也。卿大夫以循法為節。"《詩序》曰:"能循法度,則可以承先祖、共祭祀矣。"今服、言、行三者,其循法,必循道也。故卿大夫之孝,大略然也。《詩》,《大雅·烝民》之篇。夙,早也。

匪,猶不也。懈,怠也。一人,天子也。天子之卿大夫,早夜不怠,以事天子,則諸侯之卿大夫,事諸侯以佐天子,亦宜然也。或曰:"《孝經》,中國之教,何也?"蓋非先王者,非中國所以教孝也。夫中國而遵先王教孝焉,雖一衣也,不忘中國,彼其言其行,有不惟中國是尊者哉?（易,以智反。撲,葵上聲。棣,音逮。蘋,音頻。樂,音落。共,與供通。怠,徒亥反）

述曰：《虞書》云:"天命有德,五服古代天子、諸侯、卿、大夫、士五等服式五章章,花紋。五章指服裝上的五種不同文采,用以區別等級哉。"《尚書·皋陶謨》又云:"帝曰,予欲觀古人之象,日、月、星辰、山、龍、華蟲雉的別稱作會繪,畫,宗彝本指宗廟祭祀所用酒器,此指天子祭服上所繡虎與蜼的圖象。因宗彝常以虎、蜼為圖飾,因以借稱。蜼,一種長尾猿猴,古人傳說其性孝、藻水藻、火火苗、粉米、黼 fǔ,黑白相間的花紋、黻 fú,黑青相間的花紋、絺 zhǐ,通"黹",縫製,刺繡繡,以五采章施于五色作服製成服裝。"《尚書·益稷》夫日月星辰者,取其在上而照臨也。日月會於辰,以星知辰,故星辰統為一章也。山者,取其鎮靜而生物也。龍者,取其隨時而變化也。華蟲,雉,取其有文而耿介也。《說卦》云:"離為雉。"離象火烈威勢猛烈文明文采光明,故雉耿介以烈死焉。雉,禽也,以蟲稱者,《月令》云"其蟲羽",周制所謂鷩 bì 也。宗彝,虎彝,蜼 wèi 彝,周制所謂毳 cuì,鳥獸的細毛也。《周官·司尊彝》職稱焉。虎取其服猛,蜼取其智捷,而合為宗彝以祭,蔡《傳》南宋蔡沈《書集傳》謂取其孝也。藻,水草,取其文秀而清潔也。火者,取其文明也。粉米,白米,取其能養也。黼象為斧,取其斷也。黻者,取其有違而弼糾正,輔正直也。阮氏謂黻象為兩弓相背,古"弗"字也。會,《說文》作繪。絺,鄭讀為黹，紩也。繪而後繡，六者言作繪，六者言黹繡，互文也。此虞舜時以十二章為五服之等也。《周官·司服》鄭《注》云："古天子冕服十二章，至周而以日月星辰畫於旌旗，而冕服九章登龍於山，登火於宗彝，尊其神明也。"今據鄭說而以司服次之。袞冕九章，以龍為首；鷩冕七章，以華蟲為首；毳冕五章，以虎蜼為首；希冕三章，衣繡粉米焉；玄冕一章，衣無文，裳繡黻而已。鄭《希冕》注云："希讀為絺，字之誤也。"《司服》云："公之服，自袞冕而下；侯伯之服，自鷩冕而下；子、男之服，自毳冕而下；孤之服，自希冕而下；卿大夫之服，自玄冕而下。"此法服之不得上僭jiàn，超越本分也。黼，讀若斧。黻，讀若弗。鷩，必列反。蜼，力癸反。《釋獸》云："蜼，卬yǎng，同"仰"鼻而長尾。"《郭注》晉郭璞《爾雅注》云："蜼，遇雨則倒懸於樹，以尾塞鼻，斯智捷也。"毳，此銳反。黻，丁亂反。黹，讀若指。紩，治質反，刺繡也。卬，五剛反。刺，七賜反。

《禮·深衣》云："古者深衣，蓋有制度，以應規圓規、矩曲尺、繩墨線、權秤錘、衡衡杆。制十有二幅，以應十有二月。袂mèi，衣袖圜以應規，曲袷jié，古時交疊於胸前的衣領如矩以應方，負繩及踝以應直，下齊如權衡以應平。故規者，行舉手揖讓以為容容姿，負繩抱方者以直其正，方其義也。故《易》曰："坤六二之動，直以方也。"《易·坤》六二《象》下齊如權衡者，以安志使志向安定而平心使心地公平也。五法已施，故聖人服之，先王貴之。故可以為文，可以為武，完法度完善且弗費，善衣之次也是僅次於朝服和祭服的好衣服。"《論語》云："非帷裳，必殺之。"《鄉黨》即深衣也。至於今猶變通而用之，亦古法服之遺者。唐《注》言章服不言深衣，未洽也。十有，讀有去聲。袂，彌世反。圜，與員通。袷，交領也，讀若劫。踝，跟也，胡瓦反。齊，讀若咨。殺，讀去聲。殺者，布幅當旁斜裁而削之也，詳《論語集注述疏·鄉黨篇》。

引《傳》者，《外傳·魯語》及《詩·葛覃》毛《傳》也。《國語》稱《外傳》，其《魯語》於此文有"為"字，《詩傳》於此文有"大夫"字，故兼采而統曰《傳》焉。韋韋昭（204－273），字弘嗣，三國東吳吳郡雲陽（今江蘇丹陽）人。史學家，撰《國語注》、《漢書音義》等《注》云："卿之適妻嫡妻曰內子。"是也。上大夫為卿，《玉藻》云："大夫大帶四寸，雜帶，大夫玄華黑色和黃色。"《注》云："雜，猶飾也，外以玄，內以華。"華，黃色也。《周官·大宗伯》云："再命受服。"此大夫受玄冕古代天子、諸侯祭祀的禮服之服也，助祭服用焉。其自祭用朝服，《儀禮·少牢禮》所謂主人朝服也。朝服，玄冠，緇布衣。素裳，亦自祭服也，其妻成之。引"以縞"者，《禮記·玉藻》文。鄭《注》云："僭宋王者之後。"此鄭據《王制》"殷人縞衣"也，殷之後為宋矣。《禮·郊特牲》云："繡黼繡刺的黼文，丹朱赤色，紅色中衣古時穿在祭服、朝服內的裏衣，大夫之僭禮也。"皆非所服也。《詩·揚之水》毛《傳》云："諸侯繡黼，丹朱中衣。"毛讀繡如字古代注音方法，一字有兩個或兩個以上讀音，依本音讀叫"如字"，是也。適，與嫡通。華，讀若花。皇義見邢《疏》。

《大學》鄭《注》云："道，猶言也。"此"不敢道"同。《王制》云："樂正古時樂官之長崇四術，立四教，順先王《詩》、《書》、《禮》、《樂》以造士造就學有所成的士子，卿大夫之適子皆造指學而有所成焉。"其異能者益以《易》、《春秋》，則《禮·經解篇》稱經為國教者六也。造，七到反，成也。《莊子》云："孔子謂老聃dān曰：'丘治《詩》、《書》、《禮》、《樂》、《易》、《春秋》六經。'老子曰：'夫六經，先王之陳迹也。此異端者，不執持守先王之法言合乎禮法的言論也。'"《天運》聃，讀若耽。《中庸》云："君子動而世為天下道，行而世為天下法。"蓋道可法也。《論語》云："法語之言。"《孟子》云："君子行法。"其法，皆道也。《王制》云："言偽而辯，行偽而堅。"其言行有非者若斯也，邢《疏》及焉。唐玄宗《注》云："德行，謂道德之行。"邢《疏》申以《論語》云："志於道，據於德。"邢通其實歟？然以《經》上下文別之，其文未析也，當析而別之矣。《易·文言》云："君子以成德為行，日可見之行也。"今卿大夫義同。引《國風》者，《詩·邶風·柏舟》文。毛《傳》云："棣棣，富而閑習熟習也。"孔《疏》以富備申之，昭元年《左傳》言秦伯指秦景公之弟鍼出奔晉者，則云"弗去懼選"，又云"鍼懼選於寡君"。今曰"不可選也"，斯其行無擇也。

　　《孟子》云："服堯之服，誦堯之言，行堯之行。"《告子下》斯三者，本《孝經》焉。司馬《注》釋三者，不從唐《注》，非也。今詳《答問》。《釋文》，廟或作庿。三廟，詳《喪親章》。《射義》，《禮記》篇名。引《詩序》者，《詩·采蘋》序文。其序首云："采蘋，大夫妻能循法度也。"則大夫之循法而刑通"型"，作為典範于其妻者，可知矣。故《射義》釋《采蘋》者，則以卿大夫循法言之。卿，其上大夫也。法由於道，《詩序》以循法見循道之實也。

　　夙，早，《釋詁》文。《說文》云："匪，非也。"非與不，蓋義同。懈，怠，《釋言》文。邢《疏》引《釋言》，怠作惰。邢《疏》稱舊說云："天子卿大夫尚爾，則諸侯卿大夫可知也。"其曰尚爾，舊說失之，當曰宜然。唐玄宗《注》云："卿大夫早夜不惰，敬事其君。"邢《疏》云："不言天子而言君者，欲通諸侯卿大夫也。"邢意据天子君天下，諸侯君其國也。惟《詩》稱"一人"，謂天子焉。《經》文固專言之，非通言之也。"以佐天子"，《詩·六月》文。《釋言》云："揆，度也。"度，徒洛反。

士章第五

述曰：邢《疏》云："《說文》曰：'數始於一，終於十。'"孔子曰："推一合十為士。"《毛詩》傳曰："士者，事也。"《禮·辯名記》曰："士者，在事之稱也。"《傳》曰："通古今，辯然不然，謂之士。"是也。《白虎通》引《傳》，作"辯然否"，蓋義同。

資於事父以事母，而愛同；資於事父以事君，而敬同。故母取其愛，而君取其敬，兼之者，父也。故以孝事君則忠，以敬事長則順。忠順不失，以事其上，然後能保其祿位，而守其祭祀，蓋士之孝也。《詩》云："夙興夜寐，無忝爾所生。"（長，丁丈反。寐，音未。忝，他點反）

資，取也。愛敬天性，取於事父者以事母，則母主於愛，敬行愛中，而愛母與愛父同。取於事父者以事君，則君主於敬，愛行敬中，而敬君與敬父同。故事母取其事父之愛，而事君取其事父之敬。蓋兼愛敬而事之者，父也，故敬中有愛。事父孝,該包括事母孝,今以孝事君則必忠焉。事父敬,該事兄敬,今以敬事長則必順焉。長,謂官在其上者也。忠順不失以事其君長,則不失其受祿之位,是能保之也,而有田之祭祀遂守之矣。故士之孝,大略然也。邢氏云:"天子之士,獨稱元士。此直言士,諸侯之士也。戒諸侯之士,則天子之士可知也。"《詩》,《小雅·小宛》之篇。夙興,早起也。夙興夜寐,勤事也。無忝,無辱也。陸氏曰:"所生,謂父母。"是也。夫夙夜勤事,無辱其父母,是推事親以事上之道也,當自士始離親而出身入仕者言也。(宛,於阮反)

述曰:《禮·表記》鄭《注》云:"資,取也。"邢《疏》稱《孝經》孔《傳》同。此孔《傳》雖偽,亦當不以人廢言者。《禮·喪服四制》有《孝經》此文。鄭《禮注》云:"資,猶操也。"《禮疏》以"操持"言之,豈若"資"訓"取"之善邪?《經》云:"天地之性,人為貴。"遂云:"故親生之膝下,以養父母日嚴,聖人因嚴以教敬,因親以教愛,因天性也。"而《經》云:"愛敬盡於事親。"則統父母而言也,明矣。故《經》云:"孝子之事親也,居則致其敬。"非敬父母歟?《詩·四牡》云"不遑無暇將供養,奉養父",又云"不遑將母",而必終云"將母來語中助詞,相當於"是"諗 shěn,想念,思念"。此於母則敬行愛中,是主於愛也。事母宜然。《孟子·公孫丑篇》云:"君臣主敬。"《經·事君章》則稱《詩》云"心乎愛矣"。此於君則愛行敬中,是主於敬也,事君宜然。司馬《注》於母,言敬殺 shài,減省;於君,言愛殺。范《注》於母,言愛勝而非不敬母;於君,言敬勝而非不愛君。其辭皆未洽也,於《經》未叶焉,皆本邢《疏》所稱劉炫 xuàn,字光伯,隋河間景城(今河北獻縣東北)人。經學家,撰《孝經述議》、《春秋規過》等說也。今詳《答問》。諗,讀若審,告也。殺,讀去聲,減也。唐《御注》云:"愛父與母同,敬父與君同。"邢《疏》云:"謂事母之愛,事君之敬,並同於父也。"此《疏》知《注》之立文強而未安矣,特不顯言之。今脩之曰:愛母與愛父同,敬君與敬父同,酌邢說而脩之也。

　《經》承上文兼愛敬者而言曰:"故以孝事君則忠。"明乎孝之敬中有愛也。其孝,以事父該事母也。此經文之曲以達也。唐《御注》云:"移事父孝以事於君,則為忠矣;移事兄敬以事於長,則為順矣。"其言事兄敬者,不自事父敬推之,則突兀而未安也。《經》云:"君子之事親孝,故忠可移於君;事兄悌,故順可移於長。"奚有遽 jù 言之歟?

　《孟子》稱士無田則不祭,《王制》云:"有田則祭,無田則薦向先人進獻四時新物。"如受祿而在位也,則有田焉。邢《疏》云:"士亦有廟,《經》不言爾。大夫言宗廟,士可知也。士言祭祀,則大夫之祭祀可知也,皆互以相明也。"今考司馬《注》云:"卿大夫言宗廟,士言祭祀,皆舉其盛者也。禮,庶人薦而不祭。"然士亦有廟,非其盛乎?邢說長矣。《白虎通》云:"天子之士,獨稱元士。"斯据《孟子》、《王制》有其稱也。邢氏者,昺也。《宋史》有傳。

　《釋言》云:"興,起也。忝,辱也。"陸氏者,德明也。陸義,据《經》言父母生之也。《詩·蓼莪 lù é》云:"父兮生我。"蓋舉尊言也,猶《國語》言"民生於三"者,亦惟言父生之也。而《詩》則先言曰:"哀哀父母,生我劬勞 qú láo,勞累,勞苦。"言所生也。《禮·檀弓》言"事親"、"事君"者,皆以"服勤"言之，謂勤事盡心盡力於職事也。《詩·雨無正》云："三事大夫，莫肯夙夜。"責其不勤事也，今於士而夙夜戒之矣。司馬《注》云："夙夜為善。"其《注》之立文，於《經》上文猶泛也。邢《疏》云："士始離親入仕，故敘事父之愛敬，宜均事母與事君，以明割恩棄絕私恩從義趨就正義也。"又云："既說愛敬取舍之理，遂明出身入仕之行。"其言士始仕者，當矣。其言割恩者，非所以言孝也。《詩·四牡》云："豈不懷歸，王事王命差遣的公事靡盬 gǔ，止息。"《釋言》云："靡，無也。"毛《傳》云："盬，不堅固也。思歸者，私恩也。靡盬者，公義也。"無私恩，非孝子也；無公義，非忠臣也。君子不以私害公，不以家事辭王事。由是言之，孝子為忠臣，勞於王事，其從義也，忍割恩乎？且資者，取也，《經》於愛敬，言取不言舍矣。強，讀上聲。《書·立政》云："任人常任，執掌王廷政務、準夫準人，執掌司法、牧常伯，管理民事，作三事。"今當以釋《詩》。蓼，讀若六。夙，其俱反。盬，讀若古。舍，讀上聲。

庶人章第六

述曰：邢《疏》云："庶者，眾也，謂天下眾人也。"由今考之，庶人者，《國語》所謂四民也，今見《齊語》。《管子》所謂士、農、工、商也，《士章》言上士、中士、下士焉，斯既仕矣。四民之士，則未仕也，非即《經·孝治章》所稱"士民"乎？《儀禮·上相見禮》云："庶人，則曰刺草除草之臣。"《孟子》云："在國曰市井之臣，在野曰草莽之臣。"皆謂庶人，即四民之士也。邢《疏》稱皇侃云："不言眾民者，兼包府史之屬，通謂之庶人也。"皇據《孟子》所謂庶人在官者，以《漢書》考之，門卒騎吏，亦皆誦《孝經》而多賢也。今詳《答問》。刺，七亦反。莽，莫朗反。騎，其寄反。

用天之道，分地之利，謹身節用，以養父母，此庶人之孝也。故自天子至於庶人，孝無終始，而患不及者，未之有也。（養，去聲）

用天之道者，春生、夏長、秋收、冬藏，四時迭用其道也。分地之利者,山林、川澤、丘陵、墳衍、原隰 xí,低濕之處,五土各分其利也。謹身者,以吾身受之父母,宜謹慎也。淺言之,則無惰而縱欲妄好,戒世俗所謂不孝者;深言之,則視聽言動無非禮,皆謹身也。節用者,節其財用也。庶人之身,雖富而無自逸身心安適,雖貧而能自守自堅其操守,其必節用也。若此者,不負天地,吾身不由財用故而失之,庶幾以養父母矣。故曰"此庶人之孝也",亦大略然也。庶人者,未仕之士及農、工、商也。《經》或言"蓋",或言"此",皆互文而省文爾。猶曰,蓋此天子之孝也,諸侯、卿、大夫、士皆然。亦猶曰,此蓋庶人之孝也,是以《經》總言五孝而皆無異辭矣。其分言五孝,尊卑之分雖有異,而孝之理則無異而可互通也。《經》所由互文也,《經》於庶人不引《詩》者,以其連總結之文,不得以《詩》斷之爾。《經》總言五孝,則以終始該上文五者所未盡焉。"無"如《論語》"無小大"之"無",謂無論也。《經》首章以身不毀傷為孝之始,以立身行道為孝之終。今不曰始終而曰終始者,明乎成終以成始也。惟終而立身行道,則始而身不毀傷乃有成也。今推其故而言之,自天子至於庶人,其孝無論為終為始,而患力不及者,皆未之有也。《經》下文言"孝由天性"者,申此意焉。(長,丁丈反。迭,徒結反。墳,符分反。衍,以淺反。隰,音習。惰,古臥反。好,去聲。幾,平聲。尊卑之分,讀分去聲)

述曰:言四時五土者,因唐《御注》而脩焉。《周書·周月篇》云:"萬物春生、夏長、秋收、冬藏。"此與《爾雅·釋天》說略同。《周官》云:"大司徒以土會統計山林、川澤、丘陵、墳衍、原隰五類土地的產物,以制定貢稅之法,辯五地之物生,一曰山林，二曰川澤，三曰丘陵，四曰墳衍，五曰原隰xí。"
《周官說》云："水崖曰墳，下平曰衍，高平曰原，下濕曰隰。"是也。會，讀若繪。《孝經序》邢《疏》引鄭《注》云："分別五土，視其高下，高田宜黍稷，下田宜稻麥。"鄭特言農事，舉重者也。司馬《注》依之，重農之意也。《庶人章》邢《疏》依鄭《注》言四時者，亦舉農事言之。《書·酒誥》云："我民迪小子倒裝句，當讀為"小子迪我民"。迪，教導，惟土物地裏莊稼愛，厥其心臧心地善良。"所重者農也，《鴻範》稱"土爰曰稼穡土可以生長莊稼"焉。

惟《孝經》言庶人，非獨農也，當統乎四民士、農、工、商矣。《酒誥》云："妹土即沬土，地名，原為殷都所在，今在河南淇縣境內，嗣今後爾你們股肱gōng，大腿和胳膊。比喻左右輔佐之臣，純專心其藝種植黍稷，奔走事服事厥考厥長你們的父兄，肇敏疾，趕快牽車牛，遠服賈gǔ，到遠處從事貿易活動，用孝養厥父母。厥父母慶高興，自洗腆tiǎn，豐厚。親自準備豐盛的飲食，致得到用酒。"夫黍稷者，妹土所宜也。《周官·職方氏》云："冀州，其穀宜黍稷。"妹土，即《詩》之"沬鄉"，冀州地也，今河南行省衛輝府淇縣沬鄉也。蓋冀州所宜，與《職方氏》言"青州其穀宜稻麥"者不同。《禮》家說："行曰商，止曰賈。"今言遠服賈者，蓋孝子之心雖遠行而若止。《白虎通》謂欲留供養之也。《尚書說》云："遠服賈者，賈而商也。"《酒誥》不言工者，工與商賈相資，從可知也。賈，讀若古。洗，讀先，上聲。腆，他典反。《酒誥》說，今詳《答問》。《考工記》云："或通四方之珍異以資蓄積，蓄藏之。"《越語》云："賈人，夏則資皮，冬則資絺chī,細葛布,旱則資舟,水則資車以待之。"《職方氏》云:"揚州,其利金錫竹箭;幽州,其利魚鹽。"於以見商之賴天地而得財用者,若斯也。《考工記》云:"天有時,地有氣,材有美,工有巧。合此四者,然後可以為良。材美工巧,然而不良,則不時,不得地氣也。"此可知得地氣者,地利也。《漢書·藝文志》云:"古之學者耕且養,三年而通一藝。"蓋士之出於農也。故《詩·甫田》云:"烝我髦士。"毛《傳》云:"髦,俊也。"《齊語》云:"農之子恒為農,野處居住鄉野而不暱tè,通"慝",奸邪。"其秀民之能為士者,必足賴也。此庶人之士,該於農矣。其當有道時,《史記》錄《鴻範》所謂"畯民用章顯明,指提拔任用"者;其當無道時,《鴻範》所謂"畯民用微"者。畯民,田間之俊民也。畯,今《尚書》本作"俊"。《韓詩外傳》稱顏子有郭外城,古代在城的外圍加築的一道城牆外郭內之田,斯食貧於負依靠郭田也①,則畯民之微也,是方為農而未仕也。由是推之,庶人之士,或出於工商者,安可沒乎?絺,讀若希,葛之精者。處,讀上聲。暱,近惡也,《管子》作"慝"。

《孟子》云:"世俗所謂不孝者五,惰其四支四肢,不顧父母之養,一不孝也。博弈六博與圍棋,是當時流行的棋類游戲好飲

---

① 《莊子·讓王》云:"孔子謂顏回曰:'回,來!家貧居卑,胡不仕乎?'顏回對曰:'不願仕。回有郭外之田五十畝,足以給飦粥;郭內之田四十畝,足以為絲麻;鼓琴足以自娛,所學夫子之道者足以自樂也。回不願仕。'孔子愀然變容曰:'善哉,回之意!丘聞之:「知足者不以利自累也,審自得失之而不懼,行修於內者無位而不怍。」丘誦之久矣,今於回而後見之,是丘之得也。'"

酒,不顧父母之養,二不孝也。好貨財,私妻子,不顧父母之養,三不孝也。從放縱耳目之欲,以為父母戮此指羞辱,四不孝也。好勇鬥很同"狠"。逞強好鬥,以危父母,五不孝也。"《離婁下》如其謹身,則無世俗議之者矣。從,與縱通。《論語》云:"非禮勿視,非禮勿聽,非禮勿言,非禮勿動。"四者,自己身而謹其防也。此孔子告顏淵以克己復禮也。《曲禮》云:"問庶人之富,數畜以對用有多少牲畜來回答。"知財用足矣。《書·無逸》云:"相觀察小人指從事農業生產的下層民眾,厥父母勤勞稼穡,厥子乃不知稼穡之艱難,乃逸。"夫逸,則放而不節焉。《易·象》云:"不節若,則嗟若。"富者之憂也。父母將如厥子何?《論語》云:"一簞食,一瓢飲,在陋巷。"《雍也》言顏子之貧甚矣。其貧而樂也,其貧而節飲食居室之用者有然。其拳拳乎仁能守之也,《孟子》所以稱"守身不失而能事其親"者也。《禮·檀弓》云:"啜 chuò,吃,食菽豆類飲水盡其歡,斯之謂孝。"此孔子告子路以貧者之養也。很,胡懇反。數,讀上聲。相,視也,讀去聲。若,語辭。簞食,讀食若嗣。樂,讀若落。拳拳,持守貌,《中庸》言顏回也。啜,昌悅反。菽,大豆也。

　　唐《御注》云:"庶人為孝,唯此而已。"邢《疏》云:"案天子、諸侯、卿大夫、士,皆言蓋,而庶人獨言此,注釋言此之意也。"邢以為言"蓋"者,其章略述宏綱;言"此"者,義盡於此。其申唐《注》,似矣。然豈知《經》為互文,而統庶人之士乎?司馬《注》云:"明自士以上,非直養而已,要當立身揚名,保其家國。"然豈知庶人之士當立身揚名乎?《經》曰:"以養父母日嚴。"又曰:"養則致其樂。"皆通五孝而言,豈謂《庶人章》直養而已乎？若夫唐《御注》釋"孝無終始",失之矣。司馬及范《注》,亦未皆得之。今詳《答問》。《易·乾·彖傳》云:"大明終始。"《說卦》云:"成言乎艮。"遂云:"萬物之所成終,而所成始也。"其為文,蓋《孝經》同。

三才章第七

述曰：《易·說卦》稱立天地人之道者，則參而列之曰"三才"，蓋民生於天地之間也。《孝經》於此章言之，故傳經者名曰"三才章"。

曾子曰："甚哉，孝之大也！"子曰："夫孝，天之經也，地之義也，民之行也。天地之經，而民是則之。則天之明，因地之利，以順天下。是以其教不肅而成，其政不嚴而治。
（夫音扶。行，去聲。肅，音宿。治，直吏反）

甚哉者，極言以歎之辭。曾子聞五孝之道德，而極歎其大也，孔子遂申言之。經，常也。《易》曰："乾，天也。"故稱乎父，蓋事父孝者，天之常也。義，宜也。《易》曰："坤，地也。"故稱乎母，蓋事母孝者，地之宜也。斯孝者，民常宜之行也。鄭氏曰："孝為百行之本。"是也。民，人也。《易》稱天地人為三才，以人參并列天地也。則，法也。《易》曰："承天而時行。"謂地承焉。蓋地之義，皆天之經也，故統言曰"天地之經"。而民以人參天地，其孝行資於事父以事母者，是由天地之經而統法之也。范氏曰："民生於天地之間，為萬物之靈，故能則天地之經以為行。"是也。天之明，謂三辰日月星也。三辰之明，時令晨昏，順天經之常而列職列其職別。地之利，謂五土指山林、川澤、丘陵、墳衍、原隰五種土地也。五土之利，物生動植，順地義之宜而供用。則與因，互文也。今則之以為因者，天下民行，凡事父母，由天經為列職之明，由地義為供用之利，皆順父母而盡孝以順天下焉。蓋孝以順之，而天下無不順矣。是以其教之順者，不肅以速進之而教自成；其政之順者，不嚴以厲威之而政自治。首章所謂以順天下者，於此明之也。唐玄宗曰："法天明以為常，因地利以行義，順此以施也。"（植，音直）

述曰：《易·繫辭傳》云："其道甚大。"斯極言矣。甚哉，則為歎辭。《釋言》云："典，經也。"《釋詁》云："典，常也。"則經者，常也。哀六年《左傳》稱《夏書》曰："帥彼天常。"《中庸》云："義者，宜也。"《易·繫辭傳》言"觀法於地"者，則遂申曰"地之宜"。引乾坤稱父母者，《易·說卦》文。范《注》以《易》釋此經，是矣。而不引《易》此文，其辭繁而未洽也。唐《御注》以三辰為天之明，以五土為地之利，此其當也。而遽以三辰釋天之經，以五土釋地之義，則未發乎天地人三才相通之實理也，豈叶乎？今詳《答問》。鄭義見邢《疏》，此《論語》鄭《注》也。《經》曰民人，其對文則異焉。今散文則通者，猶《論語》民義說云，民，人也。《中庸》言至誠與天地參矣，蓋以人參之而三也。則，法，《釋詁》文。言"承天"者，《易·坤·文言》也。《禮·喪服四制》

云:"資於事父以事母而愛同,天無二日,土無二王,國無二君,家無二尊,以一治之也。"蓋如天統乎地而為經也。《大戴禮·本命篇》說同。諸家釋"民是則之"者,略所統焉,而《經》之微言不著矣。邢《疏》云:"天地之經,不言義者,為地有利物之義,亦天常也。"邢未發乎承天之義也。《易·乾·文言》云:"利物足以和義。"唐《御注》據之,故邢以申說焉。《經》云:"天地之性,人為貴。"董子云:"人得天之靈,貴於物也。"《漢書·董仲舒傳》范氏以此明"民是則之"之故矣。昭二十五年《左傳》云:"夫禮,天之經也,地之義也,民之行也。天地之經,而民實則之,則天之明,因地之性。"此子大叔述子產言禮者也,而《孝經》略同。實,古通寔。是與寔,亦古通。《禮說》:"性,生也。"斯地之土性所生,即地之利也。此與所謂天地之性者,文同而義不同。今據《左傳》又云:"為夫婦外內,以經二物。"言乎則天地之經也。《詩·烝民》所謂"有物有則"也。《易·序卦》云:"夫婦之道,不可以不久也,故受之以恒。恒者,久也。"蓋以恒,猶以常,所謂經也。《書·酒誥》云:"經德原文"經德秉哲",意謂施行德政,持守恭敬。"《書·盤庚》云:"以常舊服效法先王的舊制。"其為文同也,杜《注》未察焉。夫天地之經,《禮》自夫婦言之,《孝經》自父母言之。《禮·祭義》之言孝曰:"禮者,履此者也。"故孔子述言禮者而言孝,斯一以貫之矣。朱子疑此為襲古者,其未審此為述古歟。

《經》云:"昔者,明王事父孝,故事天明指天帝明曉;事母孝,故事地察指地神明察。"《感應章》邢《疏》稱《易·說卦》云:"乾為天為父,坤為地為母。"於《經》叶焉。由是推之,則此

《三才章》可知矣。桓二年《左傳》云："三辰旂 qí 旗旗上畫龍或懸有鈴的稱旂，畫有熊虎的稱旗，昭其明也。"三辰者，日、月、星也。《詩・小弁》毛《傳》云："辰，時也。"三辰皆以紀時也。《禮・月令》四時紀日月星，其言昏旦之中者，旦謂晨也。昭十七年《左傳》云："天事恒象天上發生的事常常顯示吉兇。"三辰於其時，天事皆列職也。《曲禮》云："凡為人子之禮，冬溫而夏凊 qìng，昏定而晨省。"蓋非則天之明者不能也。五土，詳《庶人章》。《周官・大司徒》言五土者，皆地之宜也。始曰"其動物宜毛物"意謂那裏適宜生長毛細密的動物，終曰"其植物宜叢物"意謂那裏適宜生長萑葦一類叢生的植物。若此者，今可考也。

《孝經說》云："古之正德端正德行者，必利用充分發揮效能焉。"物生而供利用，猶人子生而供利用也。《禮・內則》云："子事父母，左右佩用指左右佩帶供父母使用的東西。"又云："問所欲而敬進之。"言利用也。《孟子》云："穀與魚鱉不可勝足食，材木不可勝用，是使民養生喪死無憾也。"蓋非因地之利者不能也。《易・晉・象傳》云："順而麗乎大明指下者順從而又附麗於上者的宏大光明"，《豫・象傳》云："天地以順動，故日月不過過失，而四時不忒差錯。聖人以順動，則刑罰清而民服。"此則天之明以順者也。今《經》自孝言之矣。《易・象傳》云："地勢，坤。"《說卦》云："坤，順也。"故物生在地者，皆順乎地勢以生矣。《禮運》合天子、諸侯、大夫、士、百姓，而言天下之肥也，則云"是謂大順"，遂云"故聖王所以順：山者不使居川，不使渚 zhǔ，水中的小塊陸地者居中原，而弗敝也指不破壞民眾的生活習性"，此因地之利以順者也。今

《經》自孝言之矣。《經》云:"則天之明,因地之利。"此則之以為因者,互文也。亦曰因天之明,則地之利,故曰天地之經而民是則之,蓋有則必有因矣。或曰,《郊特牲》云:"取材於地,取法於天。"今故於地不言法而言因也。今考《易·繫辭傳》云:"《易》與天地準_{與天地相準擬}。"又云:"崇效天,卑法地。"《禮器》云:"因天事天,因地事地。"皆考上下文而各有當也。今《孝經》以省文而互見焉。唐《御注》言政教,言嚴肅,皆倒經文。且若嚴肅義同,司馬《注》亦嚴肅云也,范《注》順經文而無訓焉。今考《齊語》云:"其父兄之教不肅而成。"韋《注》云:"肅,疾也。"從《釋詁》也。《釋詁》速、疾,義同。又云:"肅,速也。"《曲禮》云:"主人肅客而入_{主人先入寢門以引導客人進入}。"鄭《禮注》云:"肅,進也。"亦從《釋詁》也。蓋肅者,速進之也。《說文》云:"厲,嚴也。"則嚴亦厲也。《禮·表記》云:"不厲而威。"《書·皋陶謨》則言威之矣。蓋嚴者,厲威之也。帥與率通。弁,讀若盤。清,猶涼也,讀若靜。省,悉井反。勝,讀平聲。忒,他得反,差也。

"先王見教之可以化民也,是故先之以博愛,而民莫遺其親;陳之以德義,而民興行。先之以敬讓,而民不爭;導之以禮樂,而民和睦;示之以好惡,而民知禁。《詩》云:'赫赫師尹,民具爾瞻。'"(博,伯各反。行,去聲。樂,音岳。好,去聲。惡,烏路反。尹,音允。瞻,音占)

《經》上文言其教其政,而此獨承言教者,以政為教之輔,言教則政可知也,即首章獨先言教之意也。教之可以化民者,言其以順天下而民皆順也。先王見教化順民,因是之故,而推其教焉。先之者,以身教也。《大學》言治國平天下者,必曰先脩其身。博愛者,博施其愛也。博,廣也。《經》曰:"愛親者不敢惡於人。"蓋博愛也。《禮運》所謂"不獨親其親"也。莫遺,無遺棄也,《孟子》所謂"未有仁而遺其親者也"《梁惠王上》。先之以孝之博愛,而民愛其親無遺棄矣。陳之者,陳說而以其理教也。德,孝德也,若《周官·師氏》言孝德之教也。義,孝義也,若《禮運》言子孝為人義也。興,起也。陳說之以由孝德義之理,而民興起為孝行矣。博愛者,德義之實。教必以其實身先之,而後以其理陳說之也。敬者,若《祭義》言敬先、《王制》言養老之敬也。讓者,若《記》言讓善而稱其親也。身先之以孝之敬讓,而民亦如敬讓不爭矣。鄭氏曰:"若文王敬讓於朝,虞芮ruì推畔田界於田虞、芮為周初二國名,相傳兩國有人曾因爭地興訟,到周求西伯姬昌平斷,見周地民眾皆相互敬讓,慚愧而推讓之,則下效之。"是也。導之者,導引而以其事教也。禮者,履此孝而和也;樂者,樂此孝而和也。司馬氏曰:"禮以和外,樂以和內。"是也。導引之以由孝禮樂之事,而民亦從禮樂和睦矣。敬讓者,禮樂之實,教必以其實身先之,而後以其事導引之也。禁者,政之禁令也。此言教而終及政矣,猶首章言教而於《大雅》微及政焉。《大學》曰:"其所令反其所好,而民不從。"蓋政反其教,則民不知禁也。《經》上文言先之,而陳之導之者,皆其教示之以好也。其不好者,即其教示之以惡矣。如是,而民乃知有政之禁令焉。《詩》,《小雅・節南山》之篇。赫赫，顯盛貌。具，猶皆也。瞻，視也。唐玄宗曰："尹氏為大師，周之三公也。大臣助君行化，人皆瞻之。"（施，去聲。朝，音潮。芮，如銳反。樂此之樂，音落。導，音道。節，音截。大師之大，音太）

述曰：此節首句，司馬《注》改"教"為"孝"，朱子謂此句與上文不相屬，皆未察此獨承言教者爾。今詳《答問》。《經・聖治章》云："聖人因嚴以教敬，因親以教愛。聖人之教不肅而成，其政不嚴而治。"此言教逮及至言政，不平言對等而言之，則知政為教之輔矣。《經・廣至德章》稱順民如此其大者，蓋自化民言之。《中庸》云："仁者人也，親親為大。"謂愛親莫大焉。《論語》云："樊遲問仁，子曰：'愛人。'子貢曰：'如有博施於民而能濟眾，何如？可謂仁乎？'子曰：'何事於仁，必也聖乎！'"《論語》皇《疏》云："博，廣也。"由是推之，夫仁愛而聖能博濟者，《孝經》非謂聖人歟。《孟子》云："守約而施博者，善道也。君子之守，脩其身而天下平。"《盡心下》《大學》言脩身而治國平天下者，則云"上老老而民興孝"，其施博乎。故韓子《原道》云："博愛之謂仁。"約簡約諸經也。《禮・祭義》云："大孝不匱 kuì，匱乏，窮盡。"遂云："博施備物廣施孝心而遍及萬物，可謂不匱矣。"此孝之博愛也，唐《御注》於此未詳矣，邢《疏》亦未叶焉。今詳《答問》。《詩說》云："莫，無也。"《詩・谷風》云："棄予如遺。"鄭《箋》云："如遺者，如人行道遺忘物，忽然不省存也。"《孟子》趙《注》以無遺棄言之，《孝經》義同，邢《疏》亦謂無遺忘也。《書・顧命》言"文武大訓"者，則云陳教，謂陳說教民也。《周官》云："師氏以三德教國子，其三曰孝德，以知逆惡。"

又云：「教三行，其一曰孝行，以親父母。」《周禮·地官·師氏》則國教皆以此為德行矣。《禮運》稱孔子云：「何謂人義？父慈，子孝，兄良，弟弟ti,通"悌"，夫義守義，婦聽聽從，長惠關懷年幼，幼順順從年長，君仁，臣忠十者，謂之人義。」蓋人民所宜行也。《禮·祭義》云：「立愛自親始確立愛心從自己的雙親開始。」今曰孝德，曰孝義，皆愛親焉。故博愛者，德義之實也，宜先之矣。上弟上聲，下弟去聲。

《祭義》云：「以事天地、山川、社稷、先古。」皆云敬之至也。鄭《禮注》云：「先古，先祖。」《禮說》云：「周稱先公曰古公。」是也。《王制》稱養老之禮詳矣，其終云：「凡三王養老皆引年凡三代君王舉行養老禮後,都要挨戶校核居民的年齡,對年老而賢者加以尊養。」蓋敬老也。鄭《禮注》云：「引戶校年，當行復除免除賦役也。」《禮說》云：「復除其戶征役也。」《祭義》云：「天子有善，讓德於天；諸侯有善，歸諸天子；卿大夫有善，薦進功於諸侯；士庶人有善，本諸父母根據父母的教導，存諸長老進功於長輩。」皆讓德也。《禮·坊記》云：「善則稱親有好事就歸功於雙親。」凡人子皆然矣。坊，與防通。鄭義見《釋文》。文王，殷紂時西伯西方諸侯之長也。《詩·緜》毛《傳》云：「虞、芮之君，相與爭田，久而不平，乃相謂曰：『西伯，仁人也，盍往質裁斷,評斷焉？』乃相與朝周。入其竟通"境"，則耕者讓畔，行者讓路。入其朝，士讓為大夫，大夫讓為卿。二國之君感而相謂曰：『我等小人，不可以履君子之庭。』乃相讓，以其所爭田為閒田而退。」鄭義據焉。《釋文》：「導，或作道。」蓋義同。《釋詁》云：「左，右，相，導也。」然則導者，左右而相其行也，蓋導引之也。左右讀若「作祐」，相讀去聲。《禮·

祭義》之言孝曰："禮者，履此者也禮，就是履行孝道。樂自順此生和樂由順行孝道而生。"此曾子說有然。《孟子》稱禮之實，節文制定禮儀,使行之有度斯者；樂之實，樂斯者參《離婁上》，其說亦義同。《易・序卦》言有禮者云："故受之以《履》。"《易・繫辭傳》云："《履》，和而至《履》卦，教人和順小心而到達目的地。"遂云："《履》，以和行《履》卦的道理是可以用來和順小心地行走。"今言禮履此孝而和也。《樂記》云："夫樂者樂也。"故曰："心中斯須須臾,片刻不和不樂，而鄙詐之心入之矣。"今言樂，樂此孝而和也。《祭義》云："樂也者，動於內者也。禮也者，動於外者也。樂極和，禮極順，內和而外順。"蓋順亦和也。故《論語》云："禮之用，和為貴。"司馬《注》從和睦而言外內之和焉。《曲禮》云："毋不敬。"《論語》云："能以禮讓為國乎？何有！能用禮讓來治國嗎？這有什麼困難呢！"《樂記》云："其敬心感者，其聲直以廉心中起了恭敬的感應的，發出的聲音就亢直而廉正。"又云："明乎《齊》之音者，見利而讓。"故敬讓者，禮樂之實也，皆宜先之矣。

《祭義》云："先王之制禮樂也，將以教民平好惡將用以教導人民擺正好惡之心而反人道之正也返歸到做人的正道上來。"按：引文當出《樂記》，而非《祭義》邢《疏》稱焉。此其好惡於導之者示之，則其於陳之者示之，可推也；則其於每先之者示之，尤可推也。《周官・小司徒》云："正歲夏曆正月，則帥其屬而觀教灋 fǎ 之象觀看懸掛在宮門高台上的教法，循巡行以木鐸以木為舌的大鈴，銅質。古代宣布政教法令時，巡行振鳴以引起眾人注意，曰'不用灋者不執行法令的人，國有常刑'，令群吏憲禁令懸掛禁令，脩灋脩明法制糾職糾察職事，以待邦治。"鄭《禮注》云："憲，謂表縣之。"是也。縣,古懸字。蓋所懸者,若其屬遂人所掌政治禁令也周制:京城外百里之外二百里之內分為六遂,每遂有遂人掌其政令。《易·繫辭傳》云:"禁民為非。"今知禁者,知其非而不為也。《經》再言先之,皆上下相應為文,至"示之"句,則總承焉。諸家注未察其為文,且多未以孝顯言之,則泛矣。今詳《答問》。《禮·緇衣》云:"上好hào是物,下必有甚者矣。"故上之所好惡,不可不慎也,是民之表也。《詩》云:"赫赫師尹,民具爾瞻。"《大學》言慎好惡者,引《詩》略同。今《孝經》所引亦然也。唐《注》言助君行化者,以上文所謂教化者,自先王推之也。邢《疏》云:"上言先王,下引師尹,則知君臣相須而成也。"《詩》毛《傳》云:"具,俱也。"俱,猶皆也。其餘所釋,因毛《傳》焉。《釋文》錄鄭《注》云:"師尹,若冢宰之屬也。"《詩》疏申鄭,以為大師兼冢宰也。帥,與率通。灋,古法字。

孝治章第八

述曰：邢《疏》云："此言明王由孝而治，故以名章。"

子曰："昔者明王之以孝治天下也，不敢遺小國之臣，而況於公、侯、伯、子、男乎？故得萬國之懽心，以事其先王。治國者，不敢侮於鰥寡，而況於士民乎？故得百姓之懽心，以事其先君。治家者，不敢失於臣妾，而況於妻子乎？故得人之懽心，以事其親。夫然，故生則親安之，祭則鬼享之。是以天下和平，災害不生，禍亂不作。故明王之以孝治天下也如此。《詩》云：'有覺德行，四國順之。'"（況，許放反。懽，與歡同。侮，音武。鰥，古頑反。夫，音扶。享，音饗。災，則才反。覺，音角。行，去聲）

孔子更端而申言之。言昔者，以見今者亦當然。明王，即上文先王之明也，變文以相備焉。蓋明王孝以順天下，則其以孝治天下也。小國之臣，言至卑也。況者，自下比上之辭。公、侯、伯、子、男，此五等諸侯，皆列國之君也。萬國，統言天下之國也，故從盈數整數焉。先王，前乎明王者也。以事其先王,言萬國貢獻以供祀事也。治國,謂諸侯有國而治之也。侮者,欺而侵之也。老而無妻曰鰥guān,老而無夫曰寡,此窮民而無告者也。士民者,士未仕而列四民之首也。《國語》曰:"野處而不暱,其秀民之能為士者,必足賴也。"蓋士民為百姓之秀焉。百姓守國,則為國君守其宗廟,而先君之祭祀無亡,斯由百姓以事其先君也。治家,謂卿大夫有家而治之也。男為人臣,女為人妾,皆家之賤者。妻為其配,子為其後,皆家之貴者。卿大夫不世官古代某官職由一族世代承襲,則不曰以事其先大夫,而曰以事其親。邢氏謂"或有祿逮及於親",是也。夫然者,治天下與國家,皆得懽huān心同"歡心"有然也。先王,先君,自祭而言,惟如舜於瞽瞍,伯禽周公旦長子,周代魯國第一任國君於周公,亦生則親安之。如大夫親沒mò,壽終,亦祭則鬼享之。《經》所由總言其故而備文也。天下和平者,孝以順天下,惟和乃平也。有是孝治,是以天下致天之和平,由是災害不生;天下樂人之和平,由是禍亂不作。今推其故於明王而言之,蓋明王明乎愛親者,不敢惡於人;敬親者,不敢慢於人。斯以天子孝治天下,愛敬於人而皆不敢遺者。范氏曰:"愛敬,所以得天下之懽心。"是也。天下諸侯孝治其國,亦愛敬於人而皆不敢侮者;天下卿大夫孝治其家,亦愛敬於人而皆不敢失者,皆得其懽心以成生事在世時奉事、祭事去世後祭祀之孝焉。遂見以順天下者,和平而有徵矣。如此者,皆由明王之以孝治天下,故也。《詩》,《大雅·抑》之篇。覺,大也。唐玄宗曰:"天子有大德行,則四方之國順而行之。"(行之,讀行如字)

述曰：《詩·商頌》云："自古在昔，先民有作指規定祭禮。"《那》而《經》稱"昔者明王"，知其為先王變文矣。《易·井·象》云："王明並受其福君王聖明，君臣共受福澤。"《禮·檀弓》記孔子者，所以歎明王不興也。今《經》其言明王之福乎？《周官·掌客》云："上公周制，三公(太師、太傅、太保)八命，出封時加一命，稱為上公，飧 sūn，便宴五牢指飧禮所用牛、羊、豕等，饔餼 yōng xì，古代諸侯行聘禮時接待賓客的大禮，饋贈較多九牢。侯、伯，飧四牢，饔餼七牢。子、男，飧二牢，饔餼五牢。凡介傳賓主之言的人。古時主有儐相迎賓，賓有隨從通傳叫介、行人古時掌管朝覲聘問的官、宰、史，皆有飧、饔餼。以其爵等為之禮，唯上介古代外交使團的副使或軍政長吏的高級助理有禽獻。"又云："凡諸侯之卿、大夫、士為國客來訪的別國使臣，則如其介之禮以待之。"蓋特來不從君，而待之如其從君為介時也。飧，客始至致小禮也；饔餼，既相見致大禮也。此待五等諸侯之禮，而小國之臣皆及焉。介爵三等，爵卿也，爵大夫也，爵士也。況，從邢本，不作况。《莊子》云："每下愈況。"蓋自下比上也。邢《疏》引舊解云："公者，正也，言正行其事。侯者，候也，言斥候而服事。伯者，長也，為一國之長也。子者，字也，言字愛撫愛，愛護小民也。男者，任也，言任王事也。爵則上皆勝下，若行事亦互通。"是也，故五等皆曰諸侯焉。《虞書》云："輯聚合五瑞四方諸侯所執作為信符之用的玉器，分五等。"此五等諸侯之玉也，其制古矣。閔元年《左傳》云："萬，盈數也。"《易·比·象傳》云："先王以建萬國、親諸侯。"此統言天下也。《周官·大宰》以九貢致邦國之用，一曰祀貢，先祀事也，蓋禹貢之法也。貢獻，則盡乎萬國之懽心矣。若來助祭指臣屬出資、陪位或獻樂佐君主祭祀,則各以其職而來,非萬國皆然。《經》於下文言之,唐《御注》以言萬國,非本文也。《釋文》,懽亦作歡。

《詩·烝民》云:"不侮矜寡。"矜,古通鰥,《詩》疏以欺侮、侵侮言之,今酌焉。舊注言輕侮者,該於斯矣。釋"鰥寡"者,用《孟子》文也。士民,詳《庶人章》。成元年《穀梁傳》云:"有士民。"言未仕也。其將仕吾國歟?其將適歸向,歸從他國歟?其受侮歟?司馬《注》以凡在位為士者,非此經義也。今詳《答問》。《孟子》云:"與民守之。"《梁惠王下》言守國也。如孟子時,齊人伐燕,勝之,毀其宗廟,以燕之百姓無守之者爾。《春秋》僖公十有九年,梁亡,《公羊傳》云:"魚爛而亡也。"此其失百姓之懽心也。國民內潰,如魚爛然,先君其奈之何?唐《御注》不察於斯,乃於百姓而以助祭言邪,則禮無之也。

釋"臣妾"者,用僖十七年《左傳》文也。《周官·大宰》以九職任萬民用九類職業任用民眾,八曰臣妾指奴婢,聚斂疏材泛指各種草木果實。此其職采百草之疏材也,賤事也,邢《疏》失考焉。而引《書·費誓》戒誘臣妾者言之,非洽也。《詩序》云:"《關雎》,樂得淑女以配君子。"言妻道也。《關雎》之歌,卿大夫用焉。邢《疏》引《禮·孔子對哀公問》者云:"子人之子也者,親之後也,敢不敬與?"此其貴可知也。與,讀平聲。《孟子》言文王之政云:"仕者世祿任職者的子孫世代承襲其俸祿。"《梁惠王下》蓋古無世官矣,異於天子諸侯繼世繼承先世而立也。

《論語說》云:"周公封魯,成王留之以相,命其子伯禽就封,是為魯公。"文十三年《公羊傳》云:"封魯公,以為周公也。曰:'生以養周公,死以為周公主。'"此特禮也,《周官·大宰》所謂"生以馭其福"也。以為,上讀為去聲,下讀如字。范《注》云:"災害,天之所為也;禍亂,人之所為也。"今因而脩之。《大學》云:"菑害並至。"菑與災通。《管子》云:"不逢天災,不遇人害。"今此不同者,以其與禍亂對文也。《易·復·象》鄭《注》云:"害物曰災。"桓六年《左傳》所以稱三時不害也。其辯司馬《注》以天人分言和平者,今詳《答問》。

邢《疏》云:"上文有明王、諸侯、大夫三等,而《經》獨言明王孝治如此者,言由明王之故也。諸侯以下,奉而行之。"是也。《經》言明王不敢遺者,唐《御注》云:"是廣敬也。"而唐《御序》引此經者,固以廣愛申言之。博愛者,廣愛也,非愛無以為敬也。范氏說合"愛敬"以釋"得懽心"之義,善於《經》矣。覺,大,《詩·抑》鄭《箋》義也。邢《疏》稱《孝經》鄭《注》同。《詩·抑》毛《傳》訓覺為直者,今詳《答問》。

飧,讀若孫。饔,讀若雍。男任,讀任平聲。輯,讀若集。潰,讀若繪。職任,讀任去聲。費,讀若秘。

聖治章第九

述曰：邢《疏》云："此言聖人之治，故以名章。"

曾子曰："敢問聖人之德無以加於孝乎？"子曰："天地之性，人為貴。人之行莫大於孝，孝莫大於嚴父，嚴父莫大於配天，則周公其人也。昔者周公郊祀后稷以配天，宗祀文王於明堂以配上帝。是以四海之內，各以其職來祭。夫聖人之德，又何以加於孝乎？（行，去聲。稷，音即。夫，音扶）

曾子聞孝治之大，思此德無以加之，故又以聖人問焉，孔子又申言之。蓋天地生萬物之性，惟人得仁、義、禮、智、信五常之性，斯獨為貴焉。人性之德行，莫大於孝行，《經》首章曰："夫孝，德之本也。"此可明矣。孝行，莫大於尊嚴其父，唐玄宗曰："萬物資始藉以發生、開始於乾，人倫資父為天。故孝行之大，莫過尊嚴其父。"是也。尊嚴其父，莫大於以父配天。《左傳》言鯀者曰："實為夏郊夏朝郊祭所祀的神。"《昭公七年》《書》言成湯、大甲、大戊、祖乙、武丁者曰："殷

聖治章第九

禮陟 zhì，登，升配天與天比並，享受天命。"《君奭》斯嚴父配天之孝，夏殷有其人矣。自周而以當代言之，則周公其人也。周公，文王子、武王弟也。祀天於邑外之郊曰郊祀，其配天者，亦稱郊祀焉。后稷，周始祖也，其功著於天下者也。《漢志》引《書·武成》曰："辛亥，祀于天位。"此武王克殷後郊祀告天也，禮當有配焉，《周書·世俘篇》所以言用牛于天于稷也。宗，尊也。文王，武王父也，其德著於天下者也。明堂，天子所居以聽政之堂也。《樂記》言武王克殷者曰："祀乎明堂而民知孝。"斯宗祀焉。《詩·周頌》言宗祀者曰："維天其右同"佑"，保佑之。"蓋上帝即天也，配上帝即配天也。配天之祀，武王以嚴父而尊文王，於是乎推嚴父者以尊祖，故后稷配天於郊。文王配天於明堂，后稷配天，當在文王先矣。皆周公酌其禮，而武王行之，亦未成乎其禮制也。《中庸》曰："武王末晚年受命，周公成文武之德。"遂曰："上祀先公太王以上周族的歷代祖先以天子之禮。"蓋周公相成王，則祀禮由周公之制而成矣。是配天之祀，皆昔者周公制禮為之也。

來祭者，諸侯來助天子宗廟之祭也。郊祀、明堂祀，斯禮無助祭者，其來祭則宗廟禮然矣。來祭而謂各以其職者，蓋四海之內盡九服王畿以外的九等地區矣。其諸侯非蕃國之遠及非四方之不可虛方俱行者，皆各以其職而來也。言周公制禮，為是嚴父配天之孝，是以天下諸侯各感其孝，來助天子宗廟之祭焉。夫聖人如周公，其德惟純於孝，又何以加之？此明孝為人性之至德也。

或曰，周以攝政代國君處理國政則攝祀，故《孝經》以二祀屬之周公,非也。如周公在攝政時,則當以成王命祀而言矣。成王於文王,祖也,周公豈舍王命而私尊其父乎?《漢書·平當傳》引《孝經》此文而言之,其以為周公制禮者,是也。《左傳》曰:"昔周公吊傷感二叔指管叔、蔡叔之不咸善終,故封建分封土地,建立諸侯親戚以蕃屏即"藩屏",護衛周。"《僖公二十四年》言封建者,周公定之也。不然,則《傳》言封建者凡十六國,魯在其中矣,豈周公自封於魯乎?《孝經》此文,蓋例同。(鯀,音袞。"大甲"、"大戊"之"大",音太。陟,竹力反。俘,音孚。相,去聲。蕃,古通藩。舍,上聲。屏,音丙)

述曰:《易·序卦》云:"有天地然後萬物生焉。"此萬物統人而言之矣。唐《御注》釋"人為貴"者云:"貴其異於萬物也。"邢《疏》云:"此依鄭《注》也。"惟人與物對言,則言人異於物,可也。人在萬物中,而言其異於萬物可乎?《漢書·刑法志》云:"夫人懷五常之性,有生之最靈者也。"《後漢書·劉陶傳》云:"人非天地無以為生,天地非人無以為靈。"故《偽古文尚書·大誓》云:"惟天地萬物父母,惟人萬物之靈。"斯偽者有所襲也。《禮運》稱孔子云:"人者,其天地之德、五行之秀氣也。"《白虎通》云:"人生而得五氣以為常,仁、義、禮、智、信也。蓋木氣則性仁,金氣則性義,火氣則性禮,水氣則性智,土氣則性信,其常也。"《樂記》云:"道遵循五常之行,則德性皆德行焉。"《易·象傳》云:"大哉乾元,萬物資始,乃統天。"《說卦》云:"乾為天,為父。"蓋萬物者,天地所生而皆統於天也。自人言之,則資父為天矣,此人倫所宜尊嚴也。邢《疏》稱《曲禮》云:"父之讎chóu,仇人,弗與共戴天立於天地之間。"鄭《注》云:"父者,子之天也。殺己之天,與共戴天,非孝子也。"

引"夏郊"者,昭七年《左傳》文,《晉語》亦同。韋《注》云:"禹有天下而郊祀也。"今考邢《疏》云:"夏始尊祖於郊。"非也。自《禮·祭法》言之,邢以為郊鯀與宗禹連文,遂謂尊祖云爾。然有虞既郊嚳 kù,傳說中的上古帝王名,即五帝之一的高辛氏矣,禹能無郊祀乎？夏之郊鯀,禹嚴父也,非宗禹者尊祖也。《易·蠱》六五云:"榦匡正父之蠱 gǔ,蠱害,弊亂,用譽受到稱譽。"《象傳》云:"榦父用譽,承以德也。"此禹嚴父之孝也。引"殷禮"者,《書·君奭》文。《曲禮》云:"告喪,曰天王登假。"《書》蔡《傳》釋陟為升遐,是也。假,古通遐。《釋詁》云:"陟、登,升也。"《書·顧命》云:"惟新陟王。"其例也。《論語》云:"殷因於夏禮……周因於殷禮。"《為政》而皆云:"所損益,可知也。"若配天之祀,因其郊而益以明堂,《經》故不曰"則周公作之"也,而曰"則周公其人"也。《易·繫辭傳》云:"苟非其人賢明之人,道《易》道不虛行。"文十七年《左傳》云:"德則其人也。"蓋與此為文同。

《釋地》云:"邑外謂之郊。"《禮·郊特牲》云:"兆指古人占卜時燒灼甲骨所呈現的預示吉凶的裂紋,引申指卦象於南郊,就陽位正南的方位也。"於郊,故謂之郊。《周官·大司樂》云:"冬日至,於地上之圜丘圜象天圜,自然之丘,為古代帝王冬至祭天之所奏之。"謂南郊也。圜丘郊壇古代為祭祀所築的土壇,設在南郊,圜以象天也。《詩序》云:"《生民》,尊祖也。后稷生於姜嫄 yuán,文武之功起於后稷。"故推以配天焉。又云:"《思文》,后稷配天也。"《詩》疏稱《國語》云:"周文公之為頌曰:'思文后稷,克配彼天。'"此《疏》言《詩》樂也,樂在禮中也。周文公者,稱周公諡也。《詩說》云:"后稷名棄,以其初生而母棄之也。"詳《論語集注述疏·禘灌章》。《漢書·律曆志》引《書·武成》文,非偽古文也。其言祀于天位者,以克殷之始未有郊壇故也,猶《書·召誥》言"位成而郊"也。辛亥者,周郊祀日之始也。此武王以克殷告天,非常祭也。《禮·大傳》所謂"既事而退,柴燒柴祭天於上帝"也。武王在位六年,常祭當郊矣。宣三年《公羊傳》云:"郊則曷為必祭稷?王者必以其祖配。王者則曷為必以其祖配?自內出者,無匹不行;自外至者,無主不止。"邢《疏》據之,非也。《郊特牲》云:"天子無客禮,莫敢為主焉。"則人之於天也,其孰為主乎?《郊特牲》云:"萬物本乎天,人本乎祖,此所以配上帝也。"釋配者辯焉。《周書》,古志也。錄於《漢志》,今如《世俘篇》。擇而錄之,可補《書》亡矣。世,猶世子之世,大也。克殷大俘獲也。

　　《白虎通》云:"宗,尊也。"《論語》云:"三分天下有其二,以服事殷。周之德,其可謂至德也已矣。"《泰伯》蓋其德自文王事紂者而著焉。《易·說卦》云:"離也者,明也。萬物皆相見,南方之卦也。聖人南面而聽天下,嚮明而治,蓋取諸此也。"此明堂所由立焉。《月令》,於夏,天子居明堂古代帝王宣明政教、朝會祭祀之所。夏,南方也。故十二月天子所居雖異,而禮以明堂為統名,聽政者當嚮明也。《考工記》云:"夏后氏世室,殷人重屋重檐之屋,周人明堂。"又於《明堂》云:"度九尺之筵席位,東西九筵,南北七筵,堂崇一筵。五室,凡室二筵。"《大戴禮·盛德篇》云:"明堂,凡九室,一室而有四戶八牖 yǒu,窗戶,三十六戶,七十二牖,以茅蓋屋,上圜下方。"邢《疏》云:"其制不同。或云九室,象陽數;五室,象五行,皆無明文也。"秦氏清金匱(今江蘇無錫)人秦蕙田《五禮通考》,備明堂說焉。《樂記》鄭《注》云:"文王之廟為明堂制。"鄭以克殷之始未有明堂,遂意言之爾。惟以武成例推之,豈不可為宗祀明堂位乎?《祭義》云:"祀乎明堂,所以教諸侯之孝也。"鄭《注》云:"祀乎明堂,宗祀文王。"然則《樂記》此文,當亦義同。《詩序》云:"《我將》,祀文王於明堂也。"蓋《我將》與《思文》,同列《周頌》焉。朱子《我將》傳云:"右,尊也。神坐東嚮,在饌之右,所以尊之。"蓋朱子據《周官·大祝》"享右祭祀"之文也。《詩》下文言"文王"者,亦云"既右饗之",是天與文王皆右焉,則與《孝經》配祀之義符矣。鄭《箋》以"右助"釋之,於《詩》上文言"維羊維牛"者不貫也。《月令》:"季秋,大享帝。"此《周官·大宗伯》所稱"昊天上帝"也,今以秋成而大享帝於明堂也。鄭《禮注》以五帝言,非也。《中庸》鄭《注》云:"末,猶老也。先公,組紺gàn,人名,黃帝之三十五世以上至后稷黃帝之五世也。"朱子《注》從之。

或曰:"來祭,古文作來助祭,曷偽乎?"今考《詩·商頌》云:"莫敢不來享。"猶來祭也。言來祭,則其為助可知也。此今文之善也。《詩序》云:"《雝》,禘dì,祭祀大祖也。"其詩曰:"有來雝雝。"言來祭也。呂氏祖謙云:"大祖,后稷也。"《詩序》云:"《清廟》,祀文王也。"其詩曰:"肅雝顯相。"又曰:"駿奔走在廟。"毛《傳》云:"相,助也。"鄭《箋》云:"諸侯來助祭。駿,大也。"《周官·職方氏》云:"辨九服之邦國,方方圓千里曰王畿,其外方五百里曰侯服。又其外方五百里曰甸服，又其外方五百里曰男服，又其外方五百里曰采服，又其外方五百里曰衛服，又其外方五百里曰蠻服，又其外方五百里曰夷服，又其外方五百里曰鎮服，又其外方五百里曰藩服。蓋九服，皆服於天子也，所謂四海之內也。"藩，與蕃通。《周官·大行人》云："九州之外，謂之蕃國，世壹見一年朝見王一次。"鄭《注》云："九州之外，夷服、鎮服、蕃服也。"由鄭言之，蕃國之遠，世壹來見而已。若夫蠻服，即《大行人》所稱要服也。要服以上，九州之內也，皆中邦中原，中國也。《周語》云："侯衛指侯服至衛服之間的諸侯賓服歸順，服從，賓服者享。"此自侯至衛凡五服，總名之曰賓服。韋《注》謂《康誥》稱侯、甸、男、采、衛，是也。賓服者，來享獻而為賓也。所謂來祭也，《周官·大宗伯》言諸侯者云："春見曰朝，夏見曰宗，秋見曰覲jìn，冬見曰遇。"賈氏《周官說》云："一方四分之，或朝春，或覲秋，或宗夏，或遇冬。藩屏之臣，不可虛方俱行，故分趣四時助祭。"是也，所謂各以其職也。《大行人》云："侯服歲壹見，其貢祀物。"蓋因朝而貢，惟侯服職焉。《大宰》九貢先祀貢，則通邦國常貢而言。《孝治章》所謂"得萬國之懽心"也。

　　僖三十一年《左傳》有"成王命祀"之稱，今酌焉。引"封建"者，僖二十四年《左傳》文。杜《注》云："咸，同也。周公傷夏殷之叔世疏其親戚。"是也。《中庸》云："同其好惡。"所以勸親親也。《晉語》稱桀、紂及幽王為三季之王，此二叔例也。不釋為管、蔡二叔者，以管、蔡方在封建中也。唐《御注》謂以父配天，始自周公。又釋上帝為五方上帝，皆失之。今詳《答問》。司馬及范《注》言周公者，皆與唐《注》意略同。

大誓之大，讀若太，下大祝、大祖同。蠱，讀若古，事壞也。奭，始亦反。召公名奭，古圓字。嫄，讀若原。柴，燔柴而祭也。重屋，讀重平聲。昊，何老反。組，讀若祖。紺，古暗反。雝，讀若雍，和也。甸，田徧反。要服，讀要平聲，約束之也。朝，讀若潮。純，殊倫反。德純，見《周頌》。純孝，見隱元年《左傳》。阮氏元引《召誥》"周公攝郊"、《洛誥》"功宗元祀"，以言《孝經》此文，非也，詳《尚書集注述疏》。

"故親生之膝下，以養父母日嚴。聖人因嚴以教敬，因親以教愛。聖人之教不肅而成，其政不嚴而治，其所因者，本也。（膝，音七。養，去聲）

親，謂親親也，《禮》所稱"孺子慕小兒思念父母的啼哭聲"也。生，謂由其天性生此親親之心也。膝下，謂幼在父母膝下時也。養，猶事也。《禮》言事父母者曰："進盥 guàn，進前請父母洗手，少者奉槃盛水容器。"若此者，以養之事也。日嚴者，其天性日漸知尊嚴其父母也。此承上文言德性者，推其故而言之。人親親之心，由其天性生之膝下，及長以事父母，其天性日漸知尊嚴所親。聖人因其能嚴者，以教其敬父母之孝焉；因其能親者，以教其愛父母之孝焉。聖人之教，不肅以速進之而教自成；其政之輔教，不嚴以厲威之而政自治。蓋其所因者，德之本天性也。司馬氏曰："明皆天性，非聖人強強迫，勉強之也。"

或曰："《經》前後立文，皆以愛敬為序，此言因教者先敬而後愛，何也？"蓋自幼能親，及長能嚴，聖人於其長而教之，則即因嚴以教敬；而敬由於愛，終身當如孺子慕者，則遂因親以教愛，此所以立文不同也。（孺，如樹反。盥，古緩反。少，去聲。奉，與捧同。槃，音盤。長，丁丈反）

述曰：唐《御注》云："親，猶愛也。"今以親親釋之者，欲叶經文也，《經》固言因親以教愛也。親親者，自孺子言之，則親其父母而號慕也，《禮·檀弓》可考焉。《禮·內則》注云："孺子，小子也。"《禮說》云："性，生也。"蓋由其天性生之也。唐《注》云："膝下，謂孩幼之時也。"司馬《注》益之云："謂孩幼嬉戲於父母膝下之時也。"今考《內則》，言子生三月，妻抱子見於父者，則云："父執子之右手，孩而名之。"邢《疏》稱焉。邢據《說文》云："孩，小兒笑也，謂指其頤下巴下令之笑，而為之名。"是矣。然邢申唐《注》以言"膝下"，非也。此孩提在膝上者爾，司馬亦沿誤焉。《孟子》同言舜者，一則曰以養舜，一則曰以事舜。蓋養，猶事也，今在膝下者而及長，亦稱以養焉。引"奉槃"者，《禮·內則》文。《孟子》云："人之所不學而能者，其良能也；所不慮而知者，其良知也。孩提之童，無不知愛其親也；及其長也，無不知敬其兄也。親親，仁也。敬長，義也。"此《孟子》言愛敬，而明其本仁義之性善也。言"敬其兄"，則敬其親可知也。而皆由天性之良知良能，未及乎教也。《孝經》則言因天性而為教焉。唐《御注》云："比及年長，漸識義方行事應該遵守的規範和道理，則日加尊嚴，能致敬於父母也。"今考隱三年《左傳》云："愛子，教之以義方。"邢《疏》引之以申唐

《注》矣。然《經》言"以養父母日嚴"者,自天性言也,故曰"因嚴以教敬"。今唐《注》於日嚴中而及義方之教,是教嚴也,豈因嚴乎?

唐《御注》云:"本,謂孝也。"邢《疏》云:"此依鄭《注》也。"遂稱首章云:"夫孝,德之本也。"司馬《注》云:"本謂天性,今會通焉,蓋孝為德之本者,本天性也。"《樂記》云:"樂者為同,禮者為異,同則相親,異則相敬,樂勝則流,禮勝則離。"此謂愛敬不當偏勝焉。邢《疏》引此以言先敬而後愛也,非《記》之本義也。《孟子》云:"大孝終身慕父母,五十而慕者,予於大舜見之矣。"《萬章上》蓋舜之愛親若斯也。《孟子》云:"《書》曰:'祇 zhī,敬載見瞽瞍。'"《萬章上》蓋舜之敬親若斯也,是敬由於愛也。《釋詁》云:"祇,敬也。"《周書·諡法篇》云:"載,事也。"《中庸》云:"仁者,人也。親親為大,親親之殺等差,禮所生也。"蓋禮敬由於仁愛,皆性生也。

孩,戶才反。頤,與之反。祇,讀若支。殺,讀去聲,次也。見,賢遍反。日嚴,與"其政不嚴"之"嚴"不同,而與"嚴父"之"嚴"同。《釋文》云:"日者,實也。日日行孝,故無闕也,象日。"今考《虞書》云:"日嚴祇敬六德。"今以《書》"日嚴",例衡量《孝經》之文,於文未洽也。號慕,讀號平聲。

"父子之道,天性也,君臣之義也。父母生之,續莫大焉。君親臨之,厚莫重焉。故不愛其親而愛他人者,謂之悖德;不敬其親而敬他人者,謂之悖禮。以順則逆,民無則焉。不在於善,而皆在於凶德,雖得之,君子不貴也。君子則不然,言思可道,行思可樂,德義可尊,作事可法,容止可觀,進退可度,以臨其民。是以其民畏而愛之,則而象之。故能成其德教,而行其政令。《詩》云:'淑人君子,其儀不忒。'"(繢,音俗。悖,音背。"行思"之"行",去聲。樂,音落。淑,常六反。忒,他得反)

此言天性之愛敬,君子盡之,自教而及政焉,明乎君子遵聖人者也,蓋申上文本天性之意。《孟子》稱父子有親,明父子之道也。唐玄宗曰:"父子之道,天性之常,加以尊嚴,又有君臣之義。"司馬氏曰:"父君子臣。"范氏曰:"父尊子卑,則君臣之義立矣。故《易》曰:'有父子然後有君臣。'"是也。續,嗣也。《詩》曰:"以似通"嗣",連續不斷以續,續古之人。"《周頌・良耜》唐玄宗曰:"父母生子,傳體相續,人倫莫大於斯。"是也。《易》曰:"家人有嚴君焉,父母之謂也。"今言有君之尊,有親之親,以臨於己,恩厚莫重於斯。蓋謂父為君,《經》先言之,愛敬乎家之至尊也。既君其父,亦君其母,《經》備言之,所謂愛敬盡於事親也。今推其故而言之,愛敬其親,而愛敬及他人者,所謂以順天下也。如不愛敬其親,而愛敬他人者,其愛謂之悖逆於德。禮者,德之體也。其敬謂之悖逆於禮,乃以順則逆也,是不孝也,其民無法則焉。鄭氏曰:"悖,若桀紂。"是也。善者,天性之善,孝德也,皆吉德也。凶德,謂悖逆之凶德,猶《商書》言惡德也。君子者,能君人之子也。上下皆通稱,今言在上者也。蓋妄為愛敬者,不在於天性之善,而皆在於悖逆之凶德。彼雖德其所德而自得之,君子以其失人為貴之性而不貴也。

　　君子本天性而為愛敬，則不有凶德然。言思可道，非法不言也。《詩》戒無德者曰："中冓 gòu，指閨門穢亂之言，不可道也。"行思可樂，行滿天下無怨惡也。《經》於此下不言思者，通上而省文也。德義可尊，陳之以德義而身先之也。義者，德之宜也。言行皆德之宜，其作事可法矣。容止，禮容之節也。止，節也。《詩》戒無禮者曰："人而無止。"度者，取以為度也。《史記》稱禹曰："身為度。"容止可觀，斯德容中禮節，其進退可度矣。以愛敬之孝德君臨其民，是以其民敬畏而親愛之，法則而放通"仿"象之。德教能成，而政令能行。惟其順民，故也。《詩》，《曹風・鳲鳩》之篇。淑，善也。儀者，德之表也。《左傳》曰："有儀而可象謂之儀。"忒，差也。其儀不差，則善矣。斯善人也，其君子人也。此引《詩》言其儀之善者，以明君子孝德可象也。（冓，古候反。中禮之中，去聲。放，上聲。鳲，音尸。忒，初加反）

　　述曰：《論語》云："子曰：'聖人吾不得而見之矣，得見君子者斯可矣。'"《述而》今《孝經》之文，上言聖人，此言君子，其有別也。《白虎通》云："君之為言群也。"蓋以其能統所群而尊之也。隱三年《左傳》云君人者，桓二年《左傳》亦云然。今曰君子，謂其能統所群以君人之丈夫子也。邢《疏》云："父子之道，慈孝本天性，則生愛敬之心，是常道也。"此邢《疏》言慈，非《孝經》專與人子言孝之意也。唐《注》固不言慈也，《經・諫諍章》言慈者，謂愛親也，與慈子不同。《禮・坊記》云："父母在，言孝不言慈，君子以此坊同"防"，防范，防禦民，民猶薄於孝而厚於慈。"今言《孝經》，可不辯乎？《孟子》云："瞽瞍厎豫，而天下之為父子者定。"言舜之大孝，雖瞽瞍不慈而厎豫也。昭二十六年《左傳》云："父慈子孝，禮也。"《大學》云："為人子，止於孝；為人父，止於慈。"此《大學》言君子脩身知止焉，蓋皆不專言人子之道也。《孟子‧萬章篇》云："父母愛之，喜而不忘。"《禮‧孔子對哀公問》云："子也者，親之後也，敢不敬與？"此以愛敬其子而言，邢《疏》殆兼之矣。惟《經》曰愛親，曰敬親，豈及此乎？司馬及范《注》言慈者，皆沿邢《疏》而失焉。今詳《答問》。

引"父子"者，《易‧序卦》文。《禮‧文王世子》云："昔者周公攝政，抗舉出，呈上世子太子法於伯禽，使之與成王居，欲令成王知父子君臣之義。君之於世子也，親則父也，尊則君也。有父之親，有君之尊，然後兼天下而有之。"此言世子者，《易》義該之矣。《釋詁》，嗣，續，義同。引"以續"者，《詩‧良耜》文，此猶《詩‧斯干》所稱"似續"也。《孟子》有"人之大倫"之言，唐《注》參其義矣。引"嚴君"者，《易‧家人‧象傳》文。

《禮器》云："禮也者，猶體也。"蓋德之體著焉。《周語》韋《注》云："悖，逆也。"《釋詁》云："則，法也。"《釋詁》又有"法則"之文《爾雅‧釋詁》並無"法則"之文，《釋訓》云："憲憲泄泄，制法則也。"，蓋恆言也，故互通焉。《說文》云："吉，善也。"然則善者必吉，《皋陶謨》所謂吉德也。《禮‧緇衣》引《兌命》云："爵無及惡德。"兌，與說通，讀若悅。《說命》，《商書》也。《樂記》云："德者，得也。"韓文云："德為虛位，故德有吉有凶。"韓愈《原道》韓斥異端者曰："德其所德，蓋彼自得之也。"

邢《疏》云："凶害於德，則失其文矣。"《書·多方》云："爾尚不忌于凶德。"夫不忌，忌也，忌之非不貴乎？《書·無逸》云："無若殷王受之迷亂，酗于酒德哉！"忌凶德也。受，即紂也，聲轉而文異爾。唐《注》、司馬《注》釋得之者，未叶於經也。今詳《答問》。

引"中冓"者，《詩·牆有茨》文，謂宮中所冓成之言也。《孝經》此文，言可者六，皆自民可而言，經文一例也。司馬《注》以"可傳道"釋之，是也。《中庸》云："言而民莫不信，行而民莫不說。"邢《疏》稱之，以明君子所思焉。《中庸》云："義者，宜也。"《聖治章》中皆言孝德矣，而又言禮言義以參之，今當繫於德而申說焉。引"無止"者，《詩·相鼠》文。鄭《箋》引《孝經》此文言之。《釋文》引《韓詩說》云："止節，無禮節也。"唐《注》、司馬《注》釋容止者，未洽也，今詳《答問》。《禮·檀弓》稱曾子入廄jiù，馬棚脩容修飾儀表，非誣也，君子容止也，今亦於《答問》詳焉。引《史記》者，《夏本紀》文。《釋文》錄鄭《注》云："難進而盡忠，易退而補過。"此鄭据《經·事君章》之文而益言爾。惟易退者，去位也。《經》方言以臨其民，何言去位乎？唐《注》釋象為放象，今《注》因焉。放，與仿通。《易·繫辭傳》云："象也者，像此者也。"《孝經·援神契》有"仿象"之文，此緯文襲古人語爾，實所謂放象也。

淑，善，《釋詁》文。引《左傳》者，襄三十一年文。《經》上文言君子"容止可觀"者，其上下文與此傳略同，蓋孔子述古言而變通之者歟。《釋言》云："爽，忒也。"又云："爽，差也。"則忒者，差也。《詩·大雅》云："抑抑威儀，維德之隅。"言其儀為德所表也。《大學》稱《詩》云:"其儀不忒,正是四國。"其為父子兄弟足法,而后民法之也,蓋即儀見德也。今《孝經》引《詩·鳲鳩》文,即《大學》所引《詩》之上文。"其儀不忒",《詩》複文異體字也,斯其說同。司馬《注》以為德又有儀,則於《經》上文不皆貫矣。

坊,古通防。厎,讀若旨。抗,苦浪反,猶舉也。粍,詳里反。酗,況具反。茨,徐咨反。相,讀去聲,視也。叚,讀若救。

邢《疏》稱《大學》云:"堯舜率天下以仁,而民從之;桀紂率天下以暴,而民從之。其所令,反其所好,而民不從。"遂引鄭《注》云:"悖若桀紂。"是也。鄭《注》亦見《釋文》。鄭說善於經矣。邢《疏》云:"所謂不愛敬其親者,是君不身行愛敬也。而愛他人、敬他人者,是教天下人行愛敬也。君不行愛敬,而使天下人行,是謂悖德悖禮也。"如邢說,則《大學》所謂"其所令反其所好,而民不從也",安見其率以暴者之悖乎?蓋暴者,乃其愛敬他人之凶德也。夫君不愛敬其親,則受其愛敬者,必不孝凶德之人也。其暴也,其悖也,其愛敬之悖也。《書·多方》云:"亦惟有夏之民叨懫 tāo zhì,貪婪暴戾日欽日盛。"此言桀之暴也,而紂類之矣。《說文》云:"饕,貪也,重文作叨。"《說文》引《書》,懫作㦍,謂忿戾也。《釋詁》云:"欽,敬也。"今言亦惟有夏天下之民,貪而忿戾者,日欽敬之也。敬之,則愛之可知也。《書·牧誓》云:"乃惟四方之多罪逋 bū 逃流亡的人,是崇尊是長崇,是信是使,是以為大夫卿士,俾 bǐ,使暴虐于百姓,以姦宄 jiān guǐ,劫奪于商邑商朝王都。"此言紂之暴也。夫崇信者,愛敬之謂也,豈不悖哉？率,今本《大學》作帥。憒,讀若至。逋,百乎反。長,丁丈反。宄,讀若軌。文十八年《左傳》言莒大子僕弒父紀公,而以其寶玉奔魯也。季文子議之曰:"孝敬忠信為吉德,盜賊藏姦為凶德。"又曰:"以訓則昏,民無則焉。"不度於善,而皆在於凶德。今《孝經》略同,蓋述古言之去不孝者也。莒,居呂反。大子,猶太子。度,徒洛反。

紀孝行章第十

述曰：邢《疏》云："此紀錄孝子事親之行，故以名章。"

子曰："孝子之事親也，居則致其敬，養則致其樂，病則致其憂，喪則致其哀，祭則致其嚴。五者備矣，然後能事親。" （養，去聲。樂，音落）

稱孝子者，通上下而言也。致，極也，言孝子職分能致之而至其極也。居，如《論語》"居則曰"之"居"，王氏謂平居也。蓋自禮稱父母之所者，而明其居也。敬者，范氏謂若舜"夔夔齊通"齋"栗敬慎恐懼的樣子"也。孝子居不主奧室內西南隅，古時祭祀設神主或尊長居坐之處，適寢問安，出入扶持，或趨而過庭。若此者，於親居則極其敬焉。《禮》稱事親者曰："左右就養無方方，常。或在左，或在右，服侍父母沒有固定的位置。"故事親統稱曰養，雖養疾亦云然。今以養對居與病而為文，此專言酒肉之養也。孝子柔色以進，徹撤下酒肉請所與，眉壽長壽養志，或菽水所食唯豆與水，形容生活清苦而歡。若此者，於養親則極其樂焉。病者，疾甚之危辭，其難測歟。孝子慎其飲藥，色不滿容，琴瑟不御不奏琴瑟，或禱卜斯瘳 chōu，病愈。若此者，於親病則極其憂焉。喪者，送死之大事，至痛也。孝子哭泣成服，致喪三年，寢不處內，或貧乃稱其財。若此者，於喪親則極其哀焉。祭者，終身之永念，非尊嚴，則黷輕慢不敬也。孝子齋戒沐浴，僾 ài 然隱約，仿佛有見，如親聽命，或貧不粥通"鬻"，賣祭器。若此者，於祭親則極其嚴焉。蓋能事親，則若此之備矣。舊說曰："五者闕一，則未為能。"（分，去聲。僾，求龜反。齋，側皆反，下"齋戒"同。奥，安到反。菽，式竹反。御，魚據反。禱，都老反。瘳，敕留反。處，上聲。"稱其"之"稱"，去聲。黷，音獨。僾，音愛。粥，古通鬻，之六反）

述曰：《經》下文言事親者，言在上在下以戒之，則此稱孝子者，通上下而言也。故不以世子、國子、四民之子稱焉。《禮器》云："禮也者，物之致也。是故，昔先王之制禮也，因其財物而致其義焉爾。"鄭《禮注》云："致之言至也，極也。"今自孝子言之，蓋致者，職分能致之而至其極也。故邢《疏》云："致，猶盡也。"王氏者，肅也。唐《御注》云："平居必盡其敬。"邢《疏》云："此依王《注》也。"平居，謂平常在家，蓋邢以常居明之也。或從司馬《注》，以孝子居敬申其說者，惟《經》下文為養親也。親病也，喪親也，祭親也，則此當為親居也。今詳《答問》。

《孟子》云："《書》曰：'祇載見瞽瞍，夔夔齊栗，瞽瞍亦允若確實順從。'"此《孟子》引《書》而言舜既為天子之孝也。趙《注》云："《尚書》逸篇。祇，敬。載，事也。夔夔齊栗，敬慎戰懼貌。"朱子云："允，信。若，順也。言舜敬事瞽瞍，往而見之，敬謹如此，瞽瞍亦信而順之也。"或曰，《說文》云："夔，如龍一足。"蓋神物也，故敬懼焉。重言夔夔，猶重言戰戰也。《詩・采蘋》毛《傳》云："齋，敬也。"《釋詁》云："慄，懼也。"栗與慄通。

《曲禮》云："為人子者，居不主奧。"鄭《注》云："室中西南隅，謂之奧。"孔《疏》云："室嚮南，戶近東南角，則西南隅隱奧無事，其名為奧。故尊者居必主奧也。既是尊者所居，則人子不宜處之。"是也。後世宮室制多不同，凡尊位，當以主奧視之矣。《禮・內則》云："子事父母，雞初鳴，咸盥漱，以適父母之所。及所，下氣怡聲聲音低下和悅，問衣燠yù，暖，熱寒，疾痛苛癢yǎng，疥瘡，而敬抑搔之。出入，則或先或後，而敬扶持之。問所欲而敬進之，柔色以溫之。父母之衣衾、簟diàn，古時供坐臥鋪墊用的葦席或竹席、席大席、枕、几古人坐時憑依或擱置物件的小桌不傳不得移動，杖、屨jù，鞋子祗敬之，勿敢近。"此於《孝經》言居與養者可明也。《禮・文王世子》云："文王之為世子，朝於王季周文王之父日三每日三次……武王帥而行之武王遵循文王的榜樣做事。文王有疾，武王不脫冠帶而養。"《世子》之《記》此指古《世子禮》篇後之《記》之遺文曰："朝夕至于大寢即正寢、路寢，天子諸侯處理政事的宮室之門外，問於內豎小臣曰：'今日安否？何如？'內豎曰'今日安'，世子乃有喜色。其有不安節，則內豎以告世子，世子色憂不滿容。"此於《孝經》言居與病者可明也。《論語》敘伯魚云："嘗獨立單獨站立，鯉趨碎步疾行而過庭。"蓋孔子之子伯魚，述其在孔子獨立時也。尊者在前，趨以疾行而過之，敬也。《禮・檀弓》云："左右就養無方。"此統言事親也，蓋與惟言酒肉之養者，同而不同。《孟子》云："曾子養曾晳，必有酒肉，將徹，必請所與必定請示將撤下的酒肉送給誰。問有餘，必曰有。曾晳死，曾元養曾子，必有酒肉，將徹，不請所與。問有餘，曰亡矣，將以，復進也要將酒肉再次呈送上來。此所謂養口體指滿足口腹之養者也，若曾子則可謂養志奉養父母能順從其意志也。"將以，讀二字句焉。以，如《孟子・萬章篇》"招虞人何以"之以。《說文》云："以，用也。"今詳《答問》。《詩・豳風》云："為此春酒，以介眉壽。"斯《酒誥》其稱"厥父母慶"者歟。曾晳眉壽，詳《廣揚名章》。菽水，詳《庶人章》。

《論語》包《注》云："疾甚曰病。"蓋危辭也。《曲禮》云："親有疾，飲藥，子先嘗之，醫不三世行醫相傳不到三代，不服其藥。"鄭《注》云："嘗，度其所堪承受。"是也。《周官》："醫師掌醫之政令……歲終則稽考核其醫事，以制其食確定他們所領取食糧的等級。十全為上，十失一次之，十失二次之，十失三次之，十失四為下。"《天官・醫師》斯醫非惟以世名也，當稽其事焉。《曲禮》其言制食之上而三世者乎？《曲禮》云："父母有疾，琴瑟不御。"以憂故也。《士喪禮》記云："疾病，乃行禱于五祀向五祀之神祈禱。五祀，指與日常生活相關的五種神，即司命、中溜、國門、國行、公厲。此處泛指。"引文當出自《儀禮・既夕禮》今以《書・金縢》言之，武王有疾，此既克商二年爾。周公旦憂之，乃禱于大王、王季、文王，而卜之曰："以旦代某之身。"某者，冊祝武王名也。武王名發，史諱名不書爾。乃卜三龜，皆吉，王翼日翌日，明日乃瘳。陳氏經云："孔子之不禱，為己也；周公之禱，為君親也。"由今考之。《唐書・孝友傳》云："鄭潛曜母，代國長公主。寢疾，潛曜侍左右，造次須臾，片刻不去，累三月不靧huì，洗臉面。主疾侵，刺血為書，請諸神，丐乞求以身代。火書，而'神許'二字不化。翌日主愈。"亦孝通之徵也。

《禮‧間傳》云："父母之喪，居倚廬古人為父母守喪時居住的簡陋棚屋，寢苫shān，古代居喪時孝子睡的草墊子枕塊土塊。"此哀之發於居處者也。蓋三年寢不處內焉，故《檀弓》云："致喪三年。"詳下文《喪親章》。《檀弓》云："斂手足形入殮時僅能包裹住頭腳形體，還通"旋"，馬上葬而無槨套於棺外的大棺，稱其財與自家財力相稱，斯之謂禮。"此孔子告子路以貧者之喪也，斯豈不能致其哀邪？桓八年《公羊傳》云："君子之祭也，敬而不黷。"《祭義》云："孝子將祭，夫婦齋戒沐浴。"又云："祭之日，入室，僾然必有見乎其位。"故云如親聽命，蓋其尊嚴皆不黷也。《曲禮》云："君子雖貧不粥祭器。"其守祭器之嚴乎？舊說者，邢《疏》所稱魏《注》也。此猶釋經家統稱漢《注》也。今詳《答問‧庶人章》。

祗，讀若支。見，賢遍反。盥，古緩反。漱，所救反。燠，煖也，於六反。苛，寒歌反，疥也。搔，素刀反，摩也。《釋文》溫又作薀，於運反，藉也。藉，字夜反。《論語》以饌先生為色難，斯難乎其薀藉蘊藉，含蓄也。簟，徒點反。祗敬、禮用，重文也。朝於，讀朝若潮。豎，上主反。帥，與率通。徹，直列反，食畢徹去也。亡，古通無。復，扶又反。度，徒洛反。大王，猶太王。翼，與翌通。《釋言》云："翌，明也。"長公主之長，丁丈反。造，七到反。靧，讀若悔。丐，乞也，讀若蓋。還，讀若旋。

事親者，居上不驕，為下不亂，在醜不爭。居上而驕則亡，為下而亂則刑，在醜而爭則兵。三者不除，雖日用三牲之養，猶為不孝也。（醜，昌九反。養，去聲）

此為事親者明所戒焉。驕，矜高也。《大學》言治國平天下者曰："驕泰驕恣放縱以失之。"其言失之者曰："辟罪過，偏差則為天下僇ㄌㄨ，通"戮"，殺戮，誅討矣。"明乎驕者必泰，其失大也。事親者，敬以脩身，斯居上不驕矣。亂，逆亂也。臣為下而作亂曰亂臣，民為下而作亂曰亂民，其亂之罪皆誅也。事親者，順以從法，斯為下不亂矣。醜，眾也。《曲禮》曰："在醜夷同類人不爭。"以其在醜眾中平夷同等之人，易致於爭者，故命其不爭。惟爭之甚強，雖非平等而亦與爭，故此不言在醜夷，而統言在醜也。事親者，和以處眾，斯在醜不爭矣。

亡者，亡身而及天下國家也。刑，刑戮也。執兵而鬭曰兵，猶《左傳》言"士兵之"。三牲，牛、羊、豕，禮所謂大牢也。其居上非敬以脩身而驕，則驕者必亡；其為下非順以從法而亂，則亂者必刑；其在醜非和以處眾而爭，則爭者必兵。此三者，毀傷其身，而無以事親矣。司馬氏曰："三者不除，憂將及親。雖日具大牢古代祭祀，牛羊豕三牲都具備謂之太牢之養，庸為孝乎？"《中庸》曰："君子尊德性而道由，通過問學……是故居上不驕，為下不倍指不違背君命。……《詩》曰：'既明且哲，以保其身。'其此之謂與。"此《孝經》所稱立身以顯父母者也。夫倍者，亂之由也。《詩》曰："莫肯念亂，誰無父母？"不倍者豈不念乎？《論語》曰："一朝之忿一時的忿怒,忘其身以及其親。"《顏淵》彼兵爭而鬭眾者,何其妄哉!
(辟,音僻。僇,與戮同。易,以智反。大,音太。牢,音勞。倍,與背同。忿,音憤)

述曰:朱子《大學章句》云:"驕者矜高,泰者侈肆。"辟,偏也。蓋矜高則自大而侈肆焉,此其所以偏也,故《孝經》惟言驕而該之矣。互詳《諸侯章》。《大學》以脩身為本,而考諸文王之敬止。敬者,所以主忠信也,故曰"必忠信以得之,驕泰以失之"。斯得者不亡,而失者必亡也。《春秋》之義,必誅亂臣,以其逆亂焉。其民從之者,皆亂民也。《論語》云:"好勇疾貧,亂也。"懼其為亂民也。法者,《經》所謂先王之法也。順以從之,其敢亂乎?醜,眾,《釋詁》文。唐《御注》從之,《曲禮》鄭《注》亦從之,司馬《注》易之,其未審歟。今詳《答問》。《釋詁》,平、夷,義同。《曲禮》言醜夷,謂醜眾之平等者也。《孝經》言醜不言夷,以其至於強而兵爭也,豈必惟平等者邪?唐《御注》云:"當和順以從眾也。"今考《論語》云:"眾好之,必察焉;眾惡之,必察焉。"《衛靈公》則或有眾不皆可從者,必執順從眾以為和,非《經》所謂道德之和也。惟和以處眾,雖違眾而無爭,蓋其和為順天地之性而和矣。亡,自居上者而言,則亡天下國家,非亡身已也。誅亂者必上刑,故謂刑戮焉。引《左傳》者,定十年文,此孔子會夾谷時之言也。杜《注》云:"以兵擊萊人。"是也。《史記·伯夷列傳》云:"左右欲兵之。"亦其例也。唐《御注》釋兵云:"謂以兵刃相加。"是矣。而兵之為文,未著焉。《周官·宰夫》注云:"三牲,牛、羊、豕,具為一牢。"《楚語》云:"天子舉以大牢。"此其具也。邢《疏》

以祭之大牢言之，未洽也。莊十四年《左傳》云："庸非貳乎？"杜《注》云："庸，用也。"司馬《注》義同。或訓庸為豈，失之。朱子《中庸章句》云："道，由也。"此道問學之道，因行道而轉為由也，是相因以生之義也。《中庸》引《詩》者，《烝民篇》也。互詳首章。引"念亂"者，《詩·沔水》文。沔，緜善反。

五刑章第十一

述曰：《書·堯典》稱："舜命皋陶云：'汝作士，明于五刑指墨、劓、剕、宮、大辟五種刑罰。'"故《皋陶謨》云："天討有罪，五刑五用哉。政事，懋勉勵哉懋哉。"蓋刑在政中也。《孝經》自教而及政焉。此以"五刑"名章者，邢氏云："以前章有驕亂忿爭之事，言罪必及刑。"是也。懋，與茂通。《釋詁》云："茂，勉也。"《論語》云："道之以政，齊之以刑。"《孟子》云："明其政刑。"彼對文則異，乃刑在政外也。與此散文則通者，不得淆矣。

子曰："五刑之屬三千，而罪莫大於不孝。要君者無上，非聖人者無法，非孝者無親。此大亂之道也。"(要，平聲)

唐玄宗曰："五刑，謂墨以刀刺面，染黑為記、劓 yì，割鼻、剕 fèi，斷足、宮閹割男子生殖器，破壞婦女生殖機能(一說將婦女禁閉宮中為奴)的刑罰、大辟死刑也。條有三千，而罪之大者，莫過不孝。"是也。《周官·大司徒》："以鄉八刑糾萬民用鄉中的八種刑罰糾察萬民,一曰不孝之刑。"此其條先列焉。要yāo,有挾而求也。司馬氏曰:"君令臣行,所謂順也。而以臣要君,故曰無上。"是也。《論語》稱孔子曰:"臧武仲_{魯國大夫臧叔紇}以防_{地名,臧叔紇之封地,今山東費縣東北}求為後於魯,雖曰不要君,吾不信也。"此誅其無上之心也。非者,不以為是而議之也。《莊子》稱老聃謂孔子曰:"夫《六經》,先王之陳迹_{舊跡,遺跡也}。"若此者,聖人如先王。其《六經》法言_{合乎禮法的言論},乃以陳迹議之,是無法也。後世棄經而清譚者,其變將不一端矣。邢氏曰:"孝者,百行之本,事親為先,今乃非之,是無親也。"其說明矣。《經》方言不孝之罪,而以此三者參之,明此皆自不孝而來。不孝,則無可移之忠,由無親而無上,於是乎敢要君;不孝,則不道先王之法言而無法,於是乎敢非聖人;不孝,則不愛其親而無親,於是乎敢非孝。故曰"此大亂之道也",明其當為莫大之罪也。

或曰:"今之非孝者云,孝知有家,不知有國也。《韓非子》云:'魯人從君戰,三戰三北_{敗退},仲尼問其故,對曰:"吾有老父,身死莫之養也。"仲尼以為孝,舉而上之。'以是觀之,夫父之孝子,君之背臣也。今之非孝者,乃若斯乎?"甚哉,《韓非》之誣也!《周官》有養死政_{死於國事}之老,聖人奚以是舉邪?《禮·祭義》稱曾子云:"事君不忠,非孝也;戰陳無勇,非孝也。"故《經》曰:"君子之事親孝,故忠可移於君。"孝子忠臣,相成之道也。(劓,魚器反。剕,扶沸反。辟,匹亦反。挾,音脅。聃,他甘反。夫,音扶。迹,音積。莫之養,讀養去聲。養死政,讀養上聲。陳,與陣通)

述曰:《書·呂刑》云:"墨罰之屬千,劓罰之屬千,剕罰之屬五百,宮罰之屬三百,大辟之罰,其屬二百。五刑之屬三千。"邢《疏》稱焉,蓋與《周官‧司刑》掌五刑而二千五百者不同,《呂刑》乃增輕罪而減重罪也。《尚書說》云:"墨,黥面。劓,割鼻。剕,刖 yuè,砍斷足。宮者,丈夫割勢男性生殖器,下蠶室古代執行宮刑及受宮刑者所居之獄室;女子閉於宮中。"蠶室,避風,故也。《禮‧祭義》:"蠶室亦稱宮,故其刑皆曰宮。大辟,斬首。"是也。《尚書大傳》云:"男女不以義交者,其刑宮。"或曰漢文帝除肉刑而宮不易,非也。《漢書‧景帝紀》元年詔云:"孝文皇帝除宮刑,重絕人之世也。"蓋文、景後,其有復之歟?故西魏大統十三年公元547年乃除宮刑,今据《通鑑》《資治通鑑》而可知也。刖,讀若月。《書‧康誥》言不孝者云:"子弗祗恭敬服服事厥父事,大傷厥考心⋯⋯惟吊至茲如果發生(不孝)這種情況,不于為,被我政人執政者得罪獲罪,天惟與賦予我民彝人倫大泯亂破壞,曰:乃其速由文王作罰你要趕快採用文王制定的刑法,刑茲無赦懲罰罪人,不要赦免。"蓋其罪莫大焉。《釋詁》云:"祗,敬也。彝,常也。吊,至也。茲,此也。"《釋文》:"吊,音的。"《詩‧桑柔》毛《傳》云:"泯,滅也。泯,武軫反。"不于我政人得罪,猶曰"不得罪于我政人",此倒文也。《詩‧烝民》云:"民之秉彝。"謂天生人之常性也。《康誥》言刑,先誅不孝之滅亂民彝者矣。今律,不孝列十惡之條,蓋猶古也。《禮‧檀弓》云:"子弒父,凡在宮者,殺無赦。殺其人,壞其室,洿 wū,挖掘其宮而豬 zhū,聚水,蓄水焉。"邢《疏》及之矣。《周官‧掌戮》云:"凡殺其親者,焚之。"《易‧離》九四云:"突如其來如,焚如,死如,棄如。"其象也。故《周官》鄭《注》据《易說》焉。今詳《答問》。

洿，讀若烏。《尚書說》："豬，水所聚也。"

《說文》云："挾，俾持也。"夫俾持之，則不得不從其求矣，所謂要也。隱三年《左傳》云："君義臣行，所謂順也。"昭二十六年《左傳》云："君令臣共，禮也。"司馬《注》參而用之。共，古通恭。《論語》朱《注》云："防，地名，武仲所封邑也。武仲得罪奔邾 zhū，古國名，地在今山東鄒城境內，自邾如防，使請立後而避邑，以示若不得請，則將據邑以叛，是要君也。"蓋朱子據襄二十三年《左傳》而言矣。《禮說》云："非，不是也。"引《莊子》者，《天運篇》文。《莊子》述老聃言，傳至魏晉間，遂為清譚之禍，而中原大亂，悲哉！互詳《卿大夫章》。引《韓非子》者，《五蠹 dù 篇》文。敗奔曰北，蓋北者，陰退而伏之方也。"或曰今之非孝"者，有由他求者言之，而不自知其言之所從出也。《後漢書·列傳》云："少府孔融，前與白衣 無功名、官職的士人 禰衡跌蕩 放蕩不拘 放言，云父之於子，當有何親。論其本意，實為情欲發耳。"《孔融傳》此軍謀祭酒路粹 字文蔚，漢陳留人，枉狀奏融，而曹操得以誣殺融者也。今他求者放言實同，何其自同於枉狀殺人之路粹而不自知哉？夫路粹為此言以殺人，今他求者乃傳此言以自殺而殺人也。蠹，當故反。禰，乃禮反。唐《御注》云："言人有上三惡，豈唯不孝，乃是大亂之道。"其言"豈唯"者未安也。夫不孝所以大亂，非一致乎？邢《疏》云："言人不忠於君，不法於聖，不愛於親。此皆為不孝，乃是罪惡之極，故《經》以大亂結之也。"此邢知唐《注》之未安而救之矣，然辭猶未洽也，今酌焉。

廣要道章第十二

述曰：邢《疏》云："首章言至德要道，於此申之，皆云廣也。故以名章。"要道先於至德者，謂以要道施化，化行而後德彰，亦明道德相成，所以互為先後也。

子曰："教民親愛，莫善於孝。教民禮順，莫善於悌。移風易俗，莫善於樂。安上治民，莫善於禮。禮者，敬而已矣。故敬其父，則子悅；敬其兄，則弟悅；敬其君，則臣悅；敬一人，而千萬人悅。所敬者寡，而悅者眾，此之謂要道也。"（悌，大計反，音第。治，如字，去聲）

親愛，以親愛其親為大，則親愛自此而施，非兼愛不加區別地愛一切人無差等焉，蓋教民親愛莫善於孝也。《禮·祭義》曰："立愛自親始。"善事兄長為悌，謂禮順焉。禮順於人而長人之長，猶禮順其兄而長吾之長，蓋教民禮順莫善於悌也。《經》曰："事兄悌，故順可移於長。"樂，民所樂也。《漢書》曰："凡民函包含，容納五常指舊時的五種倫常道德，即父義、母慈、兄友、弟恭、子孝之性,而其剛柔緩急,音聲不同,繫水土之風氣,故謂之風。好惡取舍,動靜亡常,隨君上之情欲,故謂之俗。孔子曰:'移風易俗,莫善於樂。'言聖王統理天下,一之乎中和也。"禮,民所履也。《爾雅》曰:"履,禮也。"《易》之《履》曰:"君子以辨上下,定民志。"故曰"安上治民,莫善於禮"。鄭氏說以《論語》曰:"上好禮則民易使也。"《經》前言禮樂,而此倒敘禮者,以其連有申言禮之文也。《禮》獨申言者,以禮節樂,作樂在行禮中也。《經》曰:"導之以禮樂,而民和睦。"言和而敬和也。以禮節樂,故也。今獨申言曰:"禮者,敬而已矣。"蓋樂在禮中,不言而可該也。寡,少也。眾,多也。禮之敬而悅者,操少御多,要約之道,其若此之謂也。《孝經》諸文,皆主孝而言,蓋事父孝者則事兄悌,故遂言悌。《祭義》之言孝曰:"禮者,履此者也。"樂自順此生,故言樂而終言禮。《曲禮》曰:"毋不敬意謂凡事都要恭敬。"夫孝而敬其父者,必敬其兄,故《經》曰:"以敬事長則順。"孝而敬其父者,必敬其君,故《經》曰:"資於事父以事君而敬同。"皆一以貫之也。(差,初宜反。長,丁丈反。函,音含。好,去聲。惡,烏路反。舍,上聲。亡,古通無)

述曰:《孟子》云:"墨氏兼愛,是無父也。"《滕文公下》故墨者夷之名,墨家中人,生平無考。一說,孟子弟子曰"愛無差等",其蔽也。其曰"施由親始",則其蔽之未甚,而猶知此爾。《孟子·告子篇》云:"長楚人之長,亦長吾之長。"今注文酌焉。引《漢書》者,《地理志》文。《儀禮·鄉飲酒禮》、《燕禮》諸篇,皆有言樂者,樂在禮中也。《樂記》稱《詩》云:"肅雝形容祭祀時的氣氛和樂聲莊嚴雍容,整齊和諧和鳴,先祖是聽。"《周頌·有瞽》夫肅肅,敬也;雝雝,和也。夫敬以和,何事不行?又云:"其感人深,其移風易俗,故先王著其效焉。"《說文》云:"寡,少也。"《釋詁》云:"多,眾也。"今轉注焉。操少御多,算術之要,故資而用之。《孟子》云:"仁之實,事親是也;義之實,從兄是也。"《離婁上》遂云:"禮之實,節文斯二者;樂之實,樂斯二者。"蓋其為文,與《孝經》例同。邢《疏》云:"言君欲教民親於君而愛之者,莫善於身自行孝也。君能行孝,則民效之,皆親愛其君。"邢言親愛者,於義未備也。且君欲若斯,而乃行孝乎?唐《御注》云:"敬者,禮之本也。"邢《疏》云:"此依鄭《注》也。"今不出之者,嫌此參錯乎經文言德之本也。《漢書》言此經者,亦云移其本而易其末,今不錄焉。"莫善於悌",《釋文》從鄭本,悌作弟,而云本亦作悌。司馬《注》謂將明孝而先言禮者,非也。今詳《答問》。或曰:"治民之治,讀平聲,與政治之治不同。"此未可執也。六書之義,古不以四聲異也。其異者,自齊梁間始也,《釋文》承其後矣。《大學》一篇,今所謂八條目者,音讀不同,惟治國、國治爾,奚所取乎?

廣至德章第十三

述曰：說見上章。邢《疏》云："首章標至德之目，此章廣至德之義。"其言標目者，非也。首章總言大略，豈標目已乎？邢於上章《疏》云："首章略言至德要道而未詳。"亦非也。謂總言大略則可，謂略而未詳，則不可。蓋諸章之義，實蘊乎首章中而待申也。今宜辨焉。

子曰："君子之教以孝也，非家至而日見之也。教以孝，所以敬天下之為人父者也。教以悌，所以敬天下之為人兄者也。教以臣，所以敬天下之為人君者也。《詩》云：'愷悌君子，民之父母。'非至德，其孰能順民如此其大者乎！"（愷，與凱同，可亥反。"愷悌"之"悌"，徒禮反，音娣）

家至，家家至也。日見之，日日見之也。君子之教非有然也，此承上章禮之敬而言。蓋君子教以孝者即教以悌，自敬父通之而敬兄焉；君子教以孝者即教以臣，自敬父通之而敬君焉。故經文惟統之曰："君子之教以孝也。"

《詩》,《大雅·泂酌》之篇。愷,樂也。悌,易也。言樂易君子,教民以孝。樂以強教之,易以說安之。民之孝者,敬君子如父母,所謂以孝事君則忠也。是順民也,所謂以順天下也。孝為至極之德,順天下而順民,其大有如此者,至德所以即為要道也。孰,誰也。非至德其誰能乎？反言以贊美之也。(泂,音迥。樂,音落。易,以智反。說,音悅。)

述曰：《詩》毛《傳》有以重文釋之者,若《柏舟》傳釋"泛"為"泛泛",重文也。今釋"家至而日見之",其例也。《禮·祭義》云："祀乎明堂,所以教諸侯之孝也；食三老五更古代設三老五更之位,天子以父兄之禮養之,多是從年老退休的官吏中選出的有德行的人物於大學即太學,所以教諸侯之弟子弟也；朝覲,所以教諸侯之臣也。"邢《疏》稱焉。惟《孝經》當主乎孝,而通弟與臣之義也。食,讀若嗣。更,讀平聲。大,讀若太。《禮·文王世子》鄭《注》云："三老、五更,各一人也,皆年老更事致仕者也。名以三五者,取象三辰五星。"孔《疏》引蔡邕說,以"更"為"叟"。叟,老稱。又以三老為三人,五更為五人,與鄭不同。《釋文》,愷悌又作豈弟,蓋與《毛詩》同。《釋詁》云："愷,樂也。弟,易也。"愷,與凱通。《禮·表記》引《詩·泂酌》此文而釋之者,則云："凱以強教之,弟以說安之。"《詩》毛《傳》用其文,凱代以樂,弟代以易,今從毛《傳》焉。《表記》鄭《注》云："有父之尊,有母之親,謂其尊親己如父母。"是也。蓋《詩》有斷章之義,《詩》言君子為民之父母,《孝經》引之,則言民以君子為父母也。唐《注》、司馬《注》、范《注》,皆以《詩》本義釋之,則於《孝經》上下文不叶焉。今詳《答問》。《詩·魯頌》云："載又色和顏悅色載笑,

匪怒伊教 不動怨怒,而是施教。"《泮水》此所謂愷樂也。強教者,誨人不倦也。《中庸》云:"寬柔以教,南方之強 南方所崇尚的強也,君子居之。"然則君子中和而強教者,尤足歌矣。《禮》疏云:"使人樂仰自強,此自受教者言,何以貫《詩》君子之為文邪?《詩》疏自教者言。"是也,特未詳爾。《易·繫辭傳》云:"易則易知,簡則易從。"易知則有親,易從則有功,此其說安所由也。孰,誰,《釋詁》文。

廣揚名章第十四

述曰：邢《疏》云："首章言揚名之義，於此廣之，故以名章。"

子曰："君子之事親孝，故忠可移於君。事兄悌，故順可移於長。居家理，故治可移於官。是以行成於內，而名立於後世矣。"（悌，大計反。長，丁丈反。治、行，皆去聲）

《經》曰："以孝事君則忠，以敬事長則順。"《士章》此忠順可移之故也。《論語》曰："孝悌也者，其為仁之本歟！"《學而》《經》曰："治家者，不敢失於臣妾，而況於妻子乎？"《孝治章》故得人之懽心以事其親，蓋家事有然，官事亦有然，此治可移之故也。《左傳》稱范會士會，名季，春秋時晉國上卿，封地在范，故名范會、范季、范武子光輔五君輔佐過五位君主者曰："夫子之家事治，其家事無猜。"《昭公二十年》若是而言君子，惟立身行道，則在其家之內能成德行，而後世顯名由是以立，豈其為當世虛名者乎？

廣揚名章第十四

或曰："今讀《孝經》而有疑焉，《大學》曰：'君子不出家而成教於國，孝者，所以事君也；弟者，所以事長也；慈者，所以使眾也。'弟，與悌通。《孝經》言孝、言悌，而不言慈。其《諫諍章》言慈者，慈於親也。如《孟子》稱孝子慈孫，慈即孝也。《論語》曰：'《書》云："孝乎惟孝，友于兄弟，施於有政。"'《為政》《孝經》言悌，而不言友，此其義何也？"蓋《孝經》者，專與人子言孝者也。瞽瞍不慈，舜以孝事之而厎豫，是能以子之孝成父之慈也。彼子不孝者，豈不曰父不慈乎？《禮·坊記》云："父母在，言孝不言慈，君子以此坊民，民猶薄於孝而厚於慈。"此其慎也。《爾雅》曰："善兄弟為友。"《孝經》言弟善於兄，而不及兄善於弟；猶其言子慈於親，而不及親慈於子也，亦坊也。彼弟不悌者，豈不曰兄不友乎？若夫治家而家理者，必無失於子矣，亦必無失於弟矣。無失於子，慈也；無失於弟，友也。事親者，得子弟之懽心以事其親，是事親者之慈之友，皆事親者之孝也。純乎其為《孝經》也。（猜，七才反。厎，音旨。坊，古通防）

述曰：語云："求忠臣必於孝子之門。"《後漢書·韋彪傳》此恒言也，即經義也。《禮·祭統》云："忠臣以事其君，孝子以事其親，其本一也。"悌，從邢本。《釋文》，弟亦作悌，蓋從鄭本作弟也。《論語》"孝悌"，從皇本。《王制》云："父之齒隨行_{隨其後}，兄之齒雁行_{并行而稍後}。"《孟子》云："徐行後長者_{緩慢地走在長者之後}，謂之弟。"《告子下》蓋禮順也。《曲禮》云："十年以長，則兄事之；五年以長，則肩隨之。"皆其義也。而長官之以爵不以年_{年齡}者，其禮順義同。邢《疏》云："先儒以為'居家理'下闕一'故'字，《御注》加之。"今考《釋文》云:"讀'居家理故治'絕句。"《釋文》何以於此先有"故"字乎？唐《御注》云:"君子所居則化,故可移於官也。"邢《疏》云:"此依鄭《注》也。"鄭《注》有"故"字,則當因經文所有焉,《釋文》是從鄭本者。惟《經》有"故"字,則必讀曰"居家理",安有讀"居家理故治"絕句乎？或曰,《釋文》從鄭本,《御注》本與《釋文》同。惟《釋文》又存異本,無"故"字,乃云讀"居家理治"絕句。蓋《釋文》譌脫,或後人損益之者有矣。若宋開寶北宋太祖趙匡胤年號(968—976)中,改《尚書釋文》,今當考焉。《孝經釋文》,每云"自某至某,本今無",此校者語也,非原本也,先儒說其未察歟！《學記》云:"官先事學官要先安排好有關學校管理的事項。"今酌焉。引《左傳》者,昭二十年文。杜《注》云:"家無猜疑之事。"是也。《論語》包東漢經學家包咸《注》云:"孝乎惟孝,美大孝之辭。"此漢讀也。《偽古文尚書·君陳》云:"惟孝友于兄弟。"則偽者誤讀而竄之爾,詳《論語述疏·為政篇》。司馬《注》據偽《君陳》說焉。《大戴禮·衛將軍文子篇》云:"其橋大人也,常以皓皓,是以眉壽,是曾參之行也。"其所謂"行成於內"者歟？《尚書大傳》云:"橋者,父道也。"此以橋木喻焉。今詳《答問》。

諫諍章第十五

述曰：邢《疏》云："此述諫諍直言規勸之事，故以名章。"

曾子曰："若夫慈愛恭敬，安親揚名，則聞命矣。敢問子從父之令，可謂孝乎？"（夫，音扶）

若夫者，約及之辭。慈，謂愛之發於用者，《內則》云："慈愛敬而進以旨甘美好的食物。"《經》上文言愛親，則該慈而言也。恭，謂敬之發於貌者，《鴻範》云："貌曰恭。"《經》上文言敬親，則該恭而言也。安親揚名，皆上文所言者。命，告也。《禮》曰："事親有隱而無犯侍奉父母要為父母隱諱過失而不犯顏直諫。"故曾子疑於從令而問焉。

述曰：《曲禮》、《孟子》諸經有"若夫"之辭，皆約略以及焉。邢《疏》引劉瓛 huán，字子圭，南齊沛國相人，博通《五經》說："夫，猶凡也。"非也。邢《疏》引劉炫說："慈為愛體，恭為敬貌。"其言體者未洽也，今因而脩之。《內則》云："慈以旨甘。"劉說稱焉。又稱《禮·喪服四制》云："高宗慈良於喪。"《莊子》云："事親則孝慈。"皆以明慈為愛親也。《齊語》，所以言慈孝於父母也。《說文》云："慈，愛也。"今據《內則》說，是慈有所以者，明其為愛之發於用者也。《釋詁》云："恭，敬也。"《鴻範》於貌而言恭，明其為敬之發於貌者也。命，告，《釋詁》義也。引《禮》者，《檀弓》文。

子曰："是何言與，是何言與！昔者天子有爭臣七人，雖無道，不失其天下；諸侯有爭臣五人，雖無道，不失其國；大夫有爭臣三人，雖無道，不失其家；士有爭友，則身不離於令名；父有爭子，則身不陷於不義。故當不義，則子不可以不爭於父，臣不可以不爭於君；故當不義，則爭之。從父之令，又焉得為孝乎！"（與，平聲。爭、離，皆去聲。焉，於虔反）

"是何言與"，再言之者，邢氏謂明其深不可也。爭，諫也。爭臣七人者，若四輔、三公也。《記》曰："虞、夏、商、周，有師保古時任輔弼帝王和教導王室子弟的官，有師有保，統稱"師保"，有疑丞供天子咨詢的四輔中的二臣，後泛指輔佐大臣。"設四輔及三公，蓋昔者有焉。范氏稱《虞書》禹戒舜曰："無若丹朱堯之子傲傲慢。"以上智之性，而戒之如此，范氏知虞時爭臣之風矣。爭臣五人者，若二史友、三卿父也。《周書‧酒誥》曰："大史友、內史友。"又曰："圻父、農父、宏父。"蓋圻父，司馬也；農父，司徒也；宏父，司空也。父，猶甫也。交之曰友，尊之曰父，當有爭也。爭臣三人者，若室老、宗老、側室也。《禮》稱家臣曰室老，《國語》稱家之宗臣與君主同宗之臣曰宗老，《左傳》稱眾子之官曰側室，皆大夫之佐也。古制，人皆可諫,此《經》則舉要以言之也。唐玄宗曰:"降殺以兩以二數遞減,尊卑之差也。言雖無道,為有直臣,終不至失天下國家。"是也。爭友者,切直懇切率直之友也。司馬氏謂士無臣,故以友爭也。令,善也。邢氏曰:"益者三友,言受忠告,則其身不離遠於善名。"是也。爭子者,幾諫婉言勸諫之子也。父失而有諫,則其身不自陷於不義,司馬氏謂通上下而言之也。邢氏曰:"《內則》云:'父母有過,下氣怡色柔聲以諫。諫若不入,起敬起孝,說則復諫。'言須諫之以免陷也。"是也。今推其故而言之,子於父,臣於君,當不義而不爭,斯失其為孝子忠臣之道。而從令非孝,又可明矣。

《曲禮》曰:"為人臣之禮,不顯諫公開諫諍,三諫而不聽,則逃之。子之事親也,三諫而不聽,則號泣而隨之。"此孝子忠臣爭之以自行其道也。《經》曰:"夫孝始於事親,中於事君,終於立身。"其曰"中於事君",以此見或去位者爭之而有犯矣。蓋逃,去也,去之者,忠臣事君之道也,立身宜然也。夫不顯諫者且去之,況直諫者邪?今而謂孝子幾諫者必不顯諫也,何哉?事親者,孝子終身之事,其道豈不惟幾諫以爭之哉?《經》曰:"父子之道,天性也。"號泣者,由天性動之也。(丞,與承同。傲,五到反。父,方武反。"大史"之"大",音太。圻,與畿同。殺,去聲。差,楚宜反。"為有"之"為",去聲。告,古沃反。幾,平聲。號,平聲)

述曰:《說文》云:"諍,止也。"謂諫止焉。爭,猶諍也,則諫也。《白虎通》引"爭臣"作"諍臣"。引"《記》曰"者,《禮·文王世子》文。考諸邢《疏》,蓋鄭《注》及先儒所傳,並引《記》"四輔"、"三公",以充七人之數。此舊說也,今因而脩之。《大戴禮·保傅篇》云："明堂之位，篤仁而好學，多聞而道慎。天子疑，則問應而不窮者，謂之道。道者，道天子以道者也。常立于前，是周公也。誠立而敢斷，輔善而相xiàng，輔助，佑助義者，謂之充。充者，充天子之志者也。常立于左，是大公也，絜廉而切直，匡過而諫邪者，謂之弼。弼者，拂bì，通"弼"，矯正，糾正天子之過者也。常立于右，是召公也。博聞強記，接給敏捷而善對者，謂之承。承者，承天子之遺忘者也。常立于後，是史佚也。故成王中立而聽朝，則四聖維維護，扶持之，是以慮無失計，而舉無過事。"蓋《周書·洛誥》所以言"亂統率，率領為四輔"也。《尚書大傳》言"四鄰"《尚書大傳》云：古者天子必有四鄰，前曰疑，後曰丞，左曰輔，右曰弼。者，略同。《釋文》出鄭《孝經注》云："左輔、右弼、前疑、後丞。"鄭據《大傳》焉。《保傅篇》云："昔者周成王幼，在襁緥之中，召公為大保，周公為大傅，大公為大師。"保，保其身體；傅，傅其德義；師，導之教訓，此三公之職也。《鄭志》東漢鄭玄撰引《書·周官》亡篇之逸文曰："立大師、大傅、大保，茲為三公。"此其序也。引《虞書》者，《皋陶謨》文。

　　《周書·酒誥》云："大史友，內史友。"蓋君謂臣為友，求益也。友者，明其誼當有爭也。《酒誥》云："圻父、農父、宏父。"蓋父與甫通，尊稱也。父者，明其尊當有爭也。蔡《傳》云："圻qí父，司馬也，主封圻疆土；農父，司徒也，主農；宏父，司空也，主廓地開拓土地居民使民安居。"是也。此諸侯三卿也。《周書·梓材》曰："司徒、司馬、司空。"其序與《酒誥》異者，《酒誥》為武王誥康叔武王之弟，文王之第八子嚴酒戒之辭。康叔以諸侯之長而監諸侯，故先司馬焉。《梓材》先司徒，則序三卿之常也。今以《周禮》稱周官者考之："大史，掌建邦之六典。"此即《大宰》所稱治典、教典、禮典、政典、刑典、事典也。"內史，掌王之八枋bǐng，權柄之法。"蓋八枋者，爵、祿、廢、置、殺、生、予、奪也，而諸侯之官可推矣。《周書》於大史、內史，特以友稱焉，斯其所爭者大也。考諸邢《疏》，蓋王肅指三卿、內史、外史，以充五人之數，惟外史掌書志而已，非爭臣職也，今酌而易之。

考諸邢《疏》，蓋孔《傳》指家相、室老、側室，以充三人之數。室老，當作宗老，從盧氏清人盧文弨校本可也，今別而擇之。孔《傳》雖偽，然不以人廢言，亦舊說所存也。《禮·檀弓》疏云："室老，家之長相。"是大夫之家貴者，然則室老即家相也。《曲禮》云："士不名家相。"斯大夫有家相可知矣。《魯語》云："饗xiǎng，以隆重的禮儀宴請其宗老。"此為大夫文伯之謀也。《楚語》云："召其宗老而屬之。"此大夫屈到所屬也。韋《注》云："家臣曰老，宗老謂宗人也。"又云："宗人，宗臣也。"蓋宗老則異於室老焉，若所謂大夫有貳宗官名，由大夫的庶弟擔任也。隱二年《左傳》云："卿置側室。"杜《注》云："側室，眾子也，得立此官。"

襄十四年《左傳》云："有君而為之貳副手，副職，指輔佐之臣，使師保之，勿使過度，是故天子有公，諸侯有卿，卿置側室，大夫有貳宗，以相輔佐也。過則匡之，失則革之。"今當考焉。蓋舉要以言之，固若斯矣。其《傳》下文又云："史為書太史作記載，瞽為詩樂師作歌詩，工樂工誦箴諫規戒勸諫的話，大夫規誨大夫規勸開導，士傳言士傳達意見。"遂稱《夏書》曰："官師相規，工執藝事技藝以諫。"斯其言人皆可諫者，皆古制也。襄二十六年《左傳》云："自上以下，降殺以兩，禮也。"

《釋訓》云："丁丁，嚶嚶，相切直也。"此釋《詩·伐木》求朋友之義也。《論語》所謂"朋友切切相互敬重，切磋勉勵"也，故四輔之右弼，亦以切直稱焉。《論語》云："益者三友，友直，友諒，友多聞，益矣。"《季氏》又云："忠告而善道之。"《顏淵》蓋告友也。

爭子之義，五孝皆通，無上下之異矣。《論語》云："事父母幾諫，見志不從，又敬不違，勞而不怨。"《里仁》包《注》云："幾者，微也。"其義與《內則》同。

斷，丁亂反。相義，讀相去聲，家相同。大公，讀大若太。大保、大傅、大師、大史、大宰，皆同。佚，與逸通。朝，讀若潮。《洛誥說》云："亂，治也。"此反訓用反義詞解釋詞義也。襁，居丈反。緥，讀若保。監，讀平聲。枋，與柄通。予奪之予，讀若與。屬，讀若燭。貳，副也。丁，陟耕反。嚶，於耕反。《經》曰："雖無道不失其天下。"《釋文》從鄭本，無"其"字，謂其衍字耳，非也。今從邢本，《答問》詳焉。《經》曰："則身不離於令名。"《釋文》無"不"字，實脫焉。故《釋文》讀力智反，與《諸侯章》"不離"同。

感應章第十六

述曰：今本《感應章》，《釋文》從鄭本同。石臺本唐石經作《應感章》。邢《疏》云："此言應感之事，故以名章。"蓋邢因元唐人元行沖《疏》而未改歟？此異同非要者，亦志之，以永傳經之慎焉。

子曰："昔者明王事父孝，故事天明；事母孝，故事地察；長幼順，故上下治。天地明察，神明彰矣。故雖天子，必有尊也，言有父也；必有先也，言有兄也。（長，丁丈反）

此以生則親安之者言也，而既沒者亦可該焉。邢氏曰："昔者明王聖明君主與先王為一也。言先王，示及遠也；言明王，示聖明也。明王事父能孝，故事天能明天之道。《易》云：'乾，為天，為父。'是事父通於事天也。事母能孝，故事地能察地之理。《易》云：'坤，為地，為母。'是事母通於事地也。"是也。明王由孝順而悌順，凡於長者，皆自敬之以幼者之禮。長幼能順，故天下人亦上得下順而皆治，是禮順通於上下也。天地而皆曰神明者,天神為神,地祇亦為神,以其皆彰也。《周官·大司樂》曰:"冬日至,於地上之圜丘奏之,若樂六變,則天神皆降。"《記》曰:"社,所以神地之道也。"若此者,天地明察,神明彰矣。漢高帝即位,有父太公,而未即尊曰太上皇,則不知雖天子必有尊也。有兄郃陽侯仲,而季劉邦,在四兄弟中排行第三,故小名曰季曰:"今某之業,所就孰與仲多現在我的事業,與二哥比起來又是誰強?"則不知雖天子必有先也。昔之天子如舜者,有父瞽瞍,《孟子》稱之曰:"為天子父,尊之至也。"舜無同父之兄,而《皋陶謨》言於舜曰:"惇 dūn,通"敦",寬厚敘有序九族以自己為本位,上推至四世之高祖,下推至四世之玄孫為九族。"則敘先其兄也。今推其故而言之,雖天子為天下之尊,而必有尊也,皆言曰天子有父也;雖天子為天下之先,而必有先也,皆言曰天子有兄也。明乎天下人感天子順父兄者,亦上得下順而皆治矣。

《中庸》言達孝者曰:"郊社之禮,所以事上帝也。"此以見明王之孝通於天地也,明王所以能為天子也。其言社,不言后土者,省文也。武王即位,其父文王,既沒而宗祀於明堂;其母文母,列乎伐紂時十亂者,當生事之於克殷即位時也。此《經》所謂父兄者,自一本而九族也。唐玄宗曰:"禮,君燕唐玄宗注文作"讌",宴請族人,與父兄齒并列,在一起也。"(祇,音其。圜,與圓同。郃,音合)

述曰:《中庸》言天下至聖者,必先之曰聰明,謂明王也。引《易》者,《說卦》文。明天之道,察地之理,用《易·繫辭傳》文也。《周官·大宗伯》"掌建邦建立王國之天神、人鬼、地示之禮",此三者不同稱也。示,與祇通。《周官·大司樂》云："夏日至，於澤中之方丘奏之，若樂八變，則地示皆出。"蓋方丘，北郊也，而圜丘南郊，則分祭焉。社，祭地，非北郊也。后土為社，皆祭地也。引《記》者，《禮記·郊特牲》文。引漢帝父兄者，見《漢書·高帝紀》。某者，史諱高帝名也。高帝名邦，字季，所謂劉季也。謦欬，詳《首章》。《釋詁》云："惇，厚也。"《禮·祭義》云："至孝近乎王達到孝的最高標準就接近於天子了，至弟近乎霸。"至孝近乎王，雖天子必有父；至弟近乎霸，雖諸侯必有兄。先王之教，因而不改，所以領天下國家也。此記《祭義》者自為之說，非如其篇中所傳孔門之言也。

今考成二年《左傳》云："四王之王 wàng，成就王業也，樹德樹立德行而濟同欲滿足諸侯的共同願望焉。五伯之霸成就霸業也，勤而撫之勤勞而安撫諸侯，以役王命共同為天子效命。"杜《注》云："四王，禹、湯、文、武；五伯，夏伯昆吾即"昆吾"，夏商之間部落名，封地原在濮陽，後遷舊許（今河南許昌），後為商湯所滅。此指部落之長、商伯大彭古國名，今江蘇銅山縣西有大彭山、豕韋古部落名，彭姓，故地在今河南省滑縣、周伯齊桓齊桓公、晉文晉文公。"是也。《荀子》引《仲虺huī之誥》《尚書》篇名云："諸侯自為得師者王，得友者霸。"故《論語》云："管仲相桓公，霸諸侯，一匡天下。"《憲問》此以其功言也。而要不能無罪，故《孟子》稱桓公曰"不勞而霸"，與湯之"不勞而王"為連稱。而《孟子》又云："五霸者，三王之罪人也。"《告子下》今《記》者之失，不在於言霸，而在於不傳《孝經》之言。夫父也，兄也，何為而分屬之天子諸侯也。天子不有兄乎？諸侯不有父乎？安可不傳《孝經》而自為之說乎？然《孝經》之言，釋者皆知其申言"長幼順"也,而不知其並申言"上下治"也。故《經》曰:"天地明察,神明彰矣。"釋者知其申上文而得其文勢矣。至於此言父兄者,皆釋其文而無以明其文勢所屬為何如。今因記《祭義》者之失而校之,乃明《孝經》於此有言之為文,是天下人之言也。其為上下治可知也,則文勢躍如充分顯露也。其曰"必有先也",此無"雖天子"之文,蓋蒙上而省文爾。

《論語》云:"武王曰,予有亂十人。"《釋文》云:"本或作亂臣十人。"非。《釋詁》云:"亂,治也。"今謂有治才也,詳《論語述疏·泰伯篇》。唐玄宗《注》云:"父謂諸父,兄謂諸兄。"蓋其說以此節事父母者,即下文宗廟之事,是司馬《注》所謂"繼世居長"也,故不及一本父兄焉。如其說,則《經》何以該昔者明王之事乎?且何以垂教萬世乎?今詳《答問》。《禮·文王世子》云:"若公與族燕,則異姓為賓,膳宰古官名,猶膳夫,掌宰割牲畜以及膳食之事為主人,公與父兄齒。"唐《注》據焉。邢《疏》申之云:"以尊卑為列,齒於父兄之下也。"彰,《釋文》從鄭本作"章",蓋義同,今可無訓也。之王,讀王去聲,"而王"同。虺,許偉反。

"宗廟致敬,不忘親也;修身慎行,恐辱先也。宗廟致敬,鬼神著矣。孝悌之至,通於神明,光于四海,無所不通。《詩》云:'自西自東,自南自北,無思不服。'"行,如字,平聲。悌,大計反。服,古音逼)

此以祭則鬼享之者言也。宗廟致敬者,自祖宗之祭以及子孫之序,皆極其敬也,蓋不忘親也。《中庸》曰:"宗廟之禮，所以祀乎其先也。"又曰："宗廟之禮，所以序昭穆古代宗法制度，宗廟或宗廟中神主的排列次序，始祖居中，以下父子(祖、父)遞為昭穆，左為昭，右為穆也。"《禮·大傳》曰："親親故尊祖，尊祖故敬宗，敬宗故收族以上下尊卑、親疏遠近之序團結族人，收族故宗廟嚴莊嚴，肅穆。"《記》曰："五廟父、祖、曾祖、高祖、始祖之廟之孫，祖廟未毀，雖為庶人，冠舉行冠禮、取通"娶"妻必告，死必赴告訴國君。"不忘親也。脩身慎行者，立身行道而慎之也，《天子章》所謂不敢惡慢於人也。《祭義》曰："父母既沒，慎行其身。"而必曰："思終身弗辱也。"宗廟而能曰鬼神者，人鬼亦為神，以其能著也。《詩》曰："神具醉，都醉止語氣助詞。"其先曰："神保對先祖神靈的美稱是格來，至，報以介福大福。"若此者，宗廟致敬，鬼神著矣。明王由孝順而悌順，脩身慎行，而成孝悌之至德，則通於天地之神明，刑于四海而有光，其德無所不感通矣。所謂以順天下也，安有辱先乎？孝悌之至，通於神明，此顧上節而言也。《詩》，《大雅·文王有聲》之篇，引此以結上文無所不通之意。自，從也。所來從四方也。司馬氏曰："四方之人，無有思為不服者。"言皆服也。《大學》曰："自天子以至於庶人，壹是皆以脩身為本。"故《孝經》於此將終者，言天子之孝，脩身慎行，以至德立四方之極。斯天子而下，可不再言而明也。庶人不孝曰謹身，皆脩身慎行也。(穆，音目。冠，去聲。取，音娶。)

述曰：《中庸》朱《注》云："宗廟之次，左為昭，右為穆，而子孫亦以為序。"蓋敬宗所由也。引《記》者，《禮記·文王世子》文。廟制，高、曾、祖、禰nǐ。父廟曰禰，近也。祖廟未毀，謂同高祖焉，五世則親盡矣。曾，讀若增，猶重也。

重,讀平聲。禰,乃禮反。冠,成人加冠也。上冠讀去聲,下冠如字,平聲。取,與娶通。鄭《注》云:"赴,告於君也。"《經》曰:"脩身慎行。"《釋文》"行"無音,蓋讀如字,即立身行道之行也,故《祭義》云:"慎行其身。"唐玄宗《注》云:"天子雖無上於天下,猶脩持其身,謹慎其行。"此曰"雖"、曰"猶",何其言之失乎,何其不知惟無上當慎脩乎,何邢《疏》不匡之乎!引《詩》者,《楚茨》文。鄭《箋》云:"具,皆也。"毛《傳》云:"保,安也。格,來也。"《詩·小明》毛《傳》云:"介,大也。"司馬《注》云:"通於神明者,鬼神歆其祀而致其福。"此淆神明於鬼神矣,其於此經顧上節而言者未察也。邢本經文:"通於神明,光于四海。"石臺本作"光於"。今考《釋詁》云:"于,於也。"《左傳》每參用之,此不必改從一例也。《釋詁》云:"由,從,自也。"《詩·文王有聲》鄭《箋》云:"自,由也。"邢《疏》云:"自,從也。"皆轉注"六書"之一,即互訓,指意義相同或相近的字彼此互相解釋焉。今依邢《疏》者,以首章有"所由生"之由,故欲別之爾。《詩古音》蓋顧炎武所撰:"服,蒲北反。"《詩序》云:"聲成文,謂之音。"讀《詩》者,如不知古音,則無以知其文也。

事君章第十七

述曰：邢《疏》云："孔子曰：'天下有道則見，無道則隱。'前章言明王之德，應感之美，天下從化，無思不服。此孝子在朝事君之時也，故以名章。"

子曰："君子之事上也，進思盡忠，退思補過，將順其美，匡救其惡，故上下能相親也。《詩》云：'心乎愛矣，遐不謂矣。中心藏之，何日忘之。'"（遐，音瑕）

此稱上者，謂君也。韋氏曰："進見於君，則思盡忠節。"唐玄宗曰："君有過失，則思補益。"是也。《大雅》曰："袞職帝王的職事。也借指帝王有闕，維仲山甫——作仲山父，周太王古公亶父的後裔。曾任卿士，封地於樊補之。"今既退亦思及焉。司馬氏曰："將，助也。上有美，則助順而成之。"唐玄宗曰："匡，正也。救，止也。君有惡，則正而止之。"是也。《書》稱舜戒禹曰："予違汝弼我有過失，你來輔佐我，汝無面從你不要當面順從。"斯匡救者歟？今推其故而言之，君上有臣下事之如此。上無所蔽，下無所私，《易》所謂"上下交而其志同"也。其能相親之故，可明也。《詩》，《小雅・隰桑》之篇，引此以明君子事上之義。唐玄宗曰："退，遠也。臣心愛君，雖離左右，不謂為遠。愛君之志，恆藏心中，無日暫忘也。"董子有言："《詩》無達詁。"司馬氏曰："退，遠也，言臣心愛君，不以君疏遠己而忘其忠。"此遠之詁義有不同，而忠臣之心亦白矣。（衮，古本反。甫，方武反。弼、頻，入聲。隰，音習）

述曰：韋氏者，昭也，晉以諱改曰曜，《三國志・吳書》有傳。《論語》云："臨大節關係存亡安危的大事而不可奪因強力而改變動搖也。"此忠節也。《釋文》出鄭《注》云："進思盡忠，死君之難。"蓋其說同。難，讀去聲。邢《疏》稱韋昭云："退居私室，則思補其身過。"此舊注也。《禮・少儀》云："朝廷曰退。"《詩・羔羊》云："退食自公。"《魯語》云："士朝而受業，晝而講貫講習，夕而習復復習，夜而計過計算檢討過失，無憾而後即安。"是思自補也。宣十二年《左傳》云："林父春秋時晉國上卿荀林父，又稱中行桓子之事君也，進思盡忠，退思補過。"此士貞子晉國大夫言於晉侯而赦其死焉，林父方敗於楚而請死也。邢《疏》皆引諸文以釋舊注矣，於是乎申唐《御注》而明之曰："今云君有過則思補益，出《制旨》也。"遂引《詩・大雅・烝民篇》言仲山甫者以言之，蓋貴乎唐天子知善補過之義也。毛《傳》云："有衮冕者，君之上服也。仲山甫補之，善補過也。"鄭《箋》云："衮職者，不敢斥王之言也。王之職有闕，輒能補之者，仲山甫也。"今考《易・繫辭傳》云："无咎者，善補過也。"毛《傳》資資取焉。《左傳》疏引《孝經》孔《傳》云："進見於君，則必竭其忠貞，退思其事，獻可替否,以補王過。"孔《疏》申之云:"以補君愆。"今可考也。此舊注以補君過釋之者,蓋與舊注以補身過之說相持久矣,而《制旨》則決之為君過焉。《詩‧商頌》箋云:"將,猶扶助也。"匡,正,《釋詁》文。《論語》馬_{東漢經學家馬融,有《論語訓說》}《注》云:"救,猶止也。"引《書》者,《皋陶謨》文。《論語說》云:"違者,背道也。"《釋詁》,弼,輔,義同。背道,則直言以弼輔之,蓋弼者,以正弓之器而為名也。《史記》說之云:"予即辟,汝匡拂。"辟,讀若僻。弼,與拂通,蓋匡拂所以救之也。引《易》者,《泰‧象傳》文。司馬《注》言上下相親者,今詳《答問》。遐,遠,《釋詁》文。邢《疏》云:"《檀弓》說事君之禮,左右就養有方,則事君有常在左右之義也。若周公出征,召公聽訟於甘棠之下,是離左右也。"董子說,見《春秋繁露》。達,謂一例通之也。《詩‧隰桑》異義,今詳《答問》。《魯語》注云:"貫,習也。"邢《疏》引《魯語》"士朝而受業",今本無"而"字。

喪親章第十八

述曰：邢《疏》云："喪，亡也，失也。父母之沒，謂之喪親。言孝子亡失其親也，故以名章。"

子曰："孝子之喪親也，哭不偯，禮無容，言不文，服美不安，聞樂不樂，食旨不甘，此哀慼之情也。三日而食，教民無以死傷生。毀不滅性，此聖人之政也。喪不過三年，示民有終也。（喪，如字，平聲。偯，於豈反。樂，如字。"不樂"之"樂"，音落。慼，七歷反。毀，於詭反）

哭不偯 yǐ，拖長哭的餘聲。也指哀傷者，哭無常聲，不曲以從容。《禮》曰："大功①之喪，三曲而偯。"鄭氏云："三曲，一舉聲而三折也。偯，聲餘從容也。"今三年之喪，則哭不若是焉。禮無容者，喪親之禮無容貌也。《禮》曰："稽顙 jī

---

① 大功：喪服五服之一，服期九月。其服用熟麻布做成，較齊衰稍細，較小功為粗，故稱大功。舊時堂兄弟、未婚的堂姊妹、已婚的姑、姊妹、侄女及眾孫、眾子婦、侄婦等之喪，都服大功。已婚女為伯父、叔父、兄弟、侄、未婚姑、姊妹、侄女等服喪，也服大功。

sǎng，古代一種跪拜禮，屈膝下拜，以額觸地，表示極度虔誠**觸地無容**看不見面容，哀之至也。"言不文不加修飾者，喪事之言不文也。《喪大記》曰："非喪事不言。"則言必喪事，哀而不文矣。服美不安者，三日成服，衰cuī麻喪服，衰衣麻絰而服三年喪也。聞樂不樂者，其哀心感也，《禮》曰："居喪不言樂。"旨，美也。食旨不甘者，其哀發於飲食也。哀感，謂其哀則感然以痛也。情者，性之發也。自"哭不偯"以下，孝子如此，皆其哀則感然以痛之情也。

　　禮，三日而殯，既殯食粥，如過三日不食，則以死傷生矣。三日而食，教民節哀順變而無使過焉。《禮》曰："毀不危身哀毁而不可危及生命，為無後也是因為怕失去後繼人。"孝子雖哀毁，而不以死滅天地生人之性，此聖人教民所行之政也。禮，三年之喪，期①而小祥古時父母喪後周年的祭名，祭後可稍改善生活及解除喪服的一部分，又期而大祥古時父母喪後兩週年的祭禮，中月間隔一月而禫dàn，除喪服的祭祀。此三年之喪不得過，示民以有終之節也。司馬氏曰："孝子有終身之憂，然而遂之，則是無窮也。"故聖人為之立中制節確立折中的標準作為節制，以為子生三年，然後免於父母之懷，故以三年為天下之通喪也。《經》曰"教民"，曰"示民"，皆聖人在天子位，而以身教之示之者也。故此一節，約喪禮之要，統貴賤而言之。《中庸》曰："三年之喪，達乎天子，父母之喪，無貴賤一也不分貴賤，都是一樣。"《孟子》曰："三年之喪，齊zī疏之服粗布緝邊的孝服，飦

---

① 期："期服"的省稱，指齊衰為期一年的喪服。舊制，凡服喪為長輩如祖父母、伯叔父母、未嫁的姑母等，平輩如兄弟、姐妹、妻，小輩如侄、嫡孫等，均服期服。又如子之喪，其父反服，已嫁女子為祖父母、父母服喪，也服期服。

zhān,稠粥粥之食,自天子達於庶人,三代共之。"《滕文公上》皆於《孝經》此文有會符合,相合焉。(從,七容反。稽,音啟。顙,桑上聲。衰,七雷反。殯,賓去聲。為無後,讀為去聲。期,音基。禫,覃上聲。齊,音咨。飦,諸延反)

述曰:《釋文》云:"偯,《說文》作㥋,云痛聲也。"《禮·雜記》云:"童子哭不偯。"今喪親,雖非童子亦然也。《雜記》云:"曾申問於曾子曰:'哭父母有常聲乎?'曰:'中路半路上嬰兒失其母焉,何常聲之有?'"鄭《禮注》云:"所謂哭不偯。"是也。曾申,曾子之子也。引"三曲"者,《禮·間傳》文,其傳酌《喪服》之間也。《間傳》云:"小功①、緦 sī 麻②,容貌可也,然則喪親之禮無容貌也。"《釋文》出鄭《注》云:"不為趨翔指步趨中節合於禮也。"此鄭釋"無容",蓋舉隅舉一端為例云爾。翔者,行而張拱張臂拱手以為禮也。引"稽顙"者,《禮·問喪》文。《禮說》云:顙,額也。稽顙者,頭觸地稽留也。唐《御注》云:"觸地無容。"而不云稽顙,將觸地何為乎?此欲簡之失也。《士喪禮》云:"非喪事不言。"此士禮也。而《喪大記》有此文,則統君而稱焉。《禮·喪服四制》云:"三年之喪,君不言。"《書》云:"高宗諒闇 ān,居喪時所住的房子,三年不言。"此之謂也。然而曰"言不文"者,謂臣下也,此記《禮》者不察於《孝經》矣。《經》曰:"孝子之喪親也,言不

---

① 小功:舊時喪服名,五服之第四等。其服以熟麻布製成,視大功為細,較緦麻為粗。服期五月。凡本宗為曾祖父母、伯叔祖父母、堂伯叔祖父母,未嫁祖姑、堂姑,已嫁堂姊妹,兄弟之妻,從堂兄弟及未嫁從堂姊妹;外親為外祖父母、母舅、母姨等,均服之。
② 緦麻:古代喪服名。五服中之最輕者,孝用細麻布製成,服期三月。凡本宗為高祖父母、曾伯叔祖父母、族伯叔父母、族兄弟及未嫁族姊妹,外姓中為表兄弟、岳父母等,均服之。

文。"此以孝子而該之,豈別君臣上下者邪？自天子至於庶人,皆然也。考諸《周書》,成王之喪,則元子天子和諸侯的嫡長子釗聞顧命臨終之命而有言矣。顧命者,喪事所宜言也。若夫滕定公薨hōng,諸侯之死稱薨。《礼记·曲礼下》云,天子死曰崩,諸侯曰薨,大夫曰卒,士曰不禄,庶人曰死,世子使然友人名,太子的老師問喪禮於孟子焉,其往復皆世子有言也。如滕世子不言,何以盡大事乎？豈皆《禮》所謂不言而事行乎？蓋所謂不言而事行者,以喪事備具可不言也,非以喪事不可言也。所謂三年之喪,君不言者,不言政事也。故《論語》因高宗而概之曰："君薨,百官總己總攝己職以聽於冢宰又稱太宰,周代六卿之首,相當於後世的宰相三年。"《憲問》聽政也。邢《疏》不辯焉。諒、闇,皆讀平聲。《儀禮·喪服》為父斬衰cuī①,為母齊衰zī cuī②,後世之制則淆矣。《士喪禮》云："三日成服。"謂親死之三日也。衰,與縗通。齊,讀若咨。《樂記》言"其哀心感"者,非謂喪也。今孝子之感,則為喪之哀矣。引"居喪"者,《曲禮》文。旨,美,《詩·谷風》毛《傳》義也。《禮·間傳》云："父母之喪,既殯死者入殮後停柩以待葬食粥,此哀之發於飲食者也。既虞祭祀名,既葬而祭叫虞,有安神之意、卒哭喪禮名,百日祭後,止無時之哭,變為朝夕一哭,疏食水飲,不食菜果。"皆哀之發也。《禮·檀弓》云："喪三日而殯。"又云："葬日虞,其

---

① 斬衰:舊時五種喪服中最重的一種,用粗麻布製成,左右和下邊不縫。服制三年。子及未嫁女為父母,媳為公婆,承重孫為祖父母,妻妾為夫,均服斬衰。先秦時諸侯為天子,臣為君亦服斬衰。
② 齊衰:喪服名,為五服之一。服用粗麻布製成,以其緝邊縫齊,故稱"齊衰"。服期有三年的,為繼母、慈母;有一年的,為"齊衰期",如孫為祖父母,夫為妻;有五月的,如為曾祖父母;有三月的,如為高祖父母。

制也。"疏食,讀食若嗣。邢《疏》引韋昭說《書‧顧命》:"成王既崩,康王冕服即位,既事畢,反喪服。"據此,則天子諸侯定位初喪,是皆服美,故宜不安也。《曲禮》云:"有疾,則飲酒食肉,疾止復初。"是有食旨,故宜不甘也。由今考之,《喪大記》云:"既葬,若君食之則食之,大夫、父之友食之則食之矣。不辟粱肉以粱為飯,以肉為肴。指精美的膳食,若有酒醴酒和醴,亦泛指各種酒,則辭。"如韋說,當備引焉。然《論語》稱孔子謂宰我曰:"食夫稻,衣夫錦,於女安乎?"《陽貨》禮豈有之乎?天子之喪,三年,四海遏密遏,阻止。密,寂靜。指帝王等死後停止舉樂八音我國古代對樂器的統稱,通常為金、石、絲、竹、匏、土、革、木八種不同質材所製。泛指音樂,安所得天子聞樂不樂之實事乎?蓋亦泛言之爾。君食之,父之友食之,讀食若嗣。辟,與避通。

《禮‧三年問》云:"三年者,稱 chèn 情而立文適應人情而制定的禮,所以為至痛極也。"是其哀則感然以痛也。稱,讀去聲。《禮‧問喪》云:"親始死,傷腎、乾肝、焦肺,水漿不入口,三日不舉火,故鄰里為之糜粥以飲食之。"此於三日內言飲食之者,蓋三日不食,則人生羸 léi,瘦弱弱者或不能勝承受,故鄰里於此通禮之變焉。《詩‧谷風》云:"凡民有喪,匍匐救之。"將謂此歟?乾,讀若干。飲、食,皆讀去聲。勝,讀若不勝喪之勝。《禮‧檀弓》云:"曾子謂子思曰:'伋 jí,子思之名,吾執親之喪也,水漿不入於口者七日。'子思曰:'先王之制禮也,過之者,俯而就之;不至焉者,跂 qǐ,踮起腳跟而及之。故君子之執親之喪也,水漿不入於口者三日,杖而後能起。'"《禮說》云,此曾子自述喪親時事,而子思事師無隱，則以正對直言對答焉，故《檀弓》云："喪禮，哀戚之至也。節哀節制悲哀，順變順應變化也。"戚，與感通。引"不危"者，《禮·檀弓》文。《喪大記》云："毀而死，君子謂之無子。"非以其無後歟。《曲禮》云："居喪之禮，毀瘠 jí，瘦弱不形指雖因哀傷而消瘦但不要露出骨頭。"又云："不勝喪指經受不起喪事的哀痛，乃比於不慈不孝。"蓋滅性故也。《經》云："天地之性，人為貴。"其慈於親而孝者，其天性也。今以毀死焉，乃比於不慈不孝，是反滅其天地生人之性也。其辯司馬《注》言滅性者，今詳《答問》。《曲禮》鄭《注》云："形，謂骨見。"《禮》孔《疏》云："骨為人形之主，故謂骨為形也。"勝，讀平聲。《檀弓》云："曾子曰：'喪有疾服喪期間生病，食肉、飲酒，必有草木之滋用草木來調味焉，以為薑桂之謂也草木就是指薑桂等佐料。'"其斯將不毀甚乎？引"中月"者，《士虞禮》文。《喪服》說云："期，周年也。"鄭《注》云："中，猶間也。"禫，祭名也，與大祥間相隔一月。自喪至中，凡三十七月。禫之言澹，澹然平安意也。其辯王肅難鄭者，詳《論語述疏·陽貨篇·宰我問喪章》。司馬《注》，據《禮·三年問》而言也。《喪服四制》云："此喪之所以三年，賢者不得過，不肖者不得不及，此喪之中庸也。"唐《御注》依鄭《注》以賢不肖言之，其於《禮》叶矣，而於《孝經》未叶焉。《經》自孝子言之，惟曰"喪不過三年"，無言不及也，此聖人之善言也。夫言孝子之哀而貴之，則其不及孝子者，皆自興矣，豈惟為曾子賢者告之當如是乎？司馬《注》叶焉。疏，麤也。飦，糜也。跂，與企通。

"為之棺槨衣衾而舉之,陳其簠簋而哀戚之;擗踊哭泣,哀以送之;卜其宅兆,而安措之;為之宗廟,以鬼享之;春秋祭祀,以時思之。(槨,音郭。衾,如字。簠,音甫。簋,音軌。擗,音闢。踊,音勇。措,七故反。享,音響)

棺之為言完也,完於內也。槨之為言廓也,廓於外也。衣者,襲穿衣加服,亦指斂尸之衣與小斂喪禮之一,給死者沐浴、穿衣、覆衾等、大斂喪禮之一,將已裝裹的尸體放入棺材之衣也。衾,單被也,或覆焉,或薦焉,鄭氏謂單被可以亢尸而起也。舉之者,納於棺中也。方曰簠 fǔ,與"簋"皆為古代祭祀、宴享時用以盛黍稷稻粱的容器,圓曰簋 guǐ,祭器也。唐玄宗曰:"陳奠陳列設置祭品祭祀素器沒有油漆雕飾的白木器皿而不見親,故哀慼也。"司馬氏曰:"謂朝夕奠之。"是也。擗 pǐ,拊心撫心,搥胸也,憂愁心結則拊之也。踊,躍也。如孺子有求不得,則大號而躍也。哭泣者,哭失聲而氣竭以泣也。送之者,在及至葬祖奠時也。柩車既載而祇奠,猶生人將行而祖餞猶祖奠,在神主之前祭奠,以祖為行之始也。孝子送之以至葬所,哀何如也!宅者,葬位所居也。兆,墓域墓地也。措,置也。《禮•雜記》曰:"大夫卜宅占卜選擇墓地。"其命卜無聞,而命筮當同。《士喪禮》曰:"筮宅埋葬時,筮卜墳墓位置的適當與否,命曰:'度求茲此幽宅墳墓,兆指墓地基開始,無有後艱。'"蓋安置之也。鬼享者,《周官•大宗伯》所稱"人鬼之禮"也。《周官•大司樂》曰:"於宗廟之中奏之,若樂九變,則人鬼可得而禮矣。"蓋其餘可類明也。司馬氏曰:"送形而往,迎精而反,立主以存其神。三年喪畢,遷祭於廟,始以鬼禮事之也。"又曰:"言春秋,則苞通"包",包含,包括四時矣。孝子感時之變而思親,故皆有祭祀焉。"

此一節列喪禮之類,隨尊卑而可言之,自天子至於庶人,皆有分所當得、力所可行者存乎其中。《孟子》曰:"得之為有財,古之人皆用之。"故曰:"然後盡於人心。"斯孝子之心也。(覆,浮,去聲。亢,苦浪反。拊,音撫。躍,音藥。號,平聲。餕,慈演反。度,徒洛反。分,去聲)

述曰:釋"棺椁"者,酌《白虎通》說也。《易·繫辭傳》云:"古之葬者,厚衣yī,穿之以薪,葬之中野原野之中,不封堆土為墳不樹植樹為飾,喪期无數沒有規定的數量。"後世聖人易之以棺椁。《禮·檀弓》云:"有虞氏古部落名。傳說其首領舜受堯禪,都蒲阪,故址在今山西省永濟縣東南瓦棺陶制的葬具,夏后氏指夏王朝墍jì周燒土為磚繞於棺材四周,殷人棺椁,周人牆古代出殯時柩車上覆棺的裝飾性帷幔,又稱柳衣、置翣shà,古代出殯時的棺飾,狀如掌扇。"邢《疏》及焉。《孟子》云:"古者,棺椁無度。中古,棺七寸,椁稱之,自天子達於庶人。"《公孫丑下》今可考也。衣,讀去聲。无,與無通。墍,讀若即,土甄zhuān,同"磚"也。翣,所甲反。棺飾如牆,又設羽翣。稱,讀去聲。釋衣者,據《喪禮》之次序也。浴尸竟而襲以衣曰襲。釋衾者,酌《喪大記》注也。鄭義見《釋文》。釋簠簋者,本《周官·舍人》鄭《注》也。《禮·檀弓》云:"奠以素器,以生者有哀素之心也。"

擗,與辟通。《詩·柏舟》云:"寤睡醒辟有摽biào,捶胸的樣子。"《邶風·柏舟》毛《傳》云:"辟,拊心也。摽,拊心貌。"是也。蓋詩人憂心,寤而不寐,拊心摽然。以是觀之,則喪親者憂感而擗,可知矣。摽,符小反。《禮說》云:"跳躍為踊。"是也,《詩·國風》有"踊躍"之稱。《檀弓》云:"有子與子游立,見孺子慕者,有子謂子游曰:'予壹不知夫喪之踊也。予欲去之久矣,情在於斯,其是也夫。'"蓋有子見孺子慕者,大號而躍,始知喪禮之踊,是其情在於斯,固不可去者,蓋自見其刺禮之過焉。故子游告之以人情所發者,則云:"戚斯歎哀戚就會歎息,歎斯辟歎息不已就會用手搥胸,辟斯踊搥胸不已就會頓足跳躍矣。"品節斯,斯之謂禮,蓋孝子之踊,即孺子之慕也。戚,猶感也。《禮》疏謂有子欲去此踊節者,誤矣。有子言喪之踊爾,豈嘗言踊節乎?言踊節者,子游明禮以告之也,由是而有子明禮焉。《論語》稱其言曰:"禮之用,和為貴。"夫踊者,禮之用也。而因乎孺子之慕而為之,則和也。刺,七賜反。唐玄宗《注》云:"男踊女擗。"於文未析也。邢《疏》以為互文,曲為之說爾。《禮·問喪》有"婦人爵踊"之文,鄭《注》云:"爵踊,足不絕地。"釋者曰:"爵者,雀也。"《士喪禮》言丈夫踊、婦人踊者,不一矣。若《柏舟》詩人,固丈夫辟也。子游統言人者,豈不曰"辟斯踊矣"乎?或曰:"後世孝子,哭泣猶然也,而擗踊擗,搥胸。踊,以腳頓地。形容極度悲哀非鮮邪,何也?"此去古已遠,而人不習見也。夫聖人制禮,有精意焉。擗踊以盡其哀之情,而即以散其哀之氣,則孝子不以不勝喪為慮也。後世言禮者,其知斯乎?《說文》云:"哭,哀聲也。泣,無聲出涕也。"唐玄宗《注》云:"祖載將葬之際,以柩載車上行祖祭之禮送之。"今脩其說,欲易明爾。《士喪禮·既夕篇》言柩車及至葬者,既云"乃載",遂云"乃祖"。鄭《既夕》注云:"將行而飲酒曰祖。祖,始也。"唐玄宗《注》云:"宅,墓穴也。"司馬《注》易之云:

"宅，冢穴也。"此据《诗·黄鸟》郑《笺》释"临其穴"也，惟宅之为文，则没焉。《释言》云："宅，居也。"《士丧礼》注云："宅，葬居也。"今酌焉。《周官》："冢人，掌公墓之地，辨其兆域而为之图。先王之葬居中，以昭穆为左右。"其后又云："跸 bì，古代帝王出行时，禁止行人以清道墓域。"盖兆者，墓域也。《释文》出郑《注》云："兆，卦也。"此据《周官》"大卜掌三兆"也。今考《士丧礼》郑《注》云："兆，域也；基，始也。"兆域之始，遂引《孝经》此文，则以为兆域焉。今当从之。卦兆之说，于文未洽也。措，《释文》从郑本作"厝"，盖义同。措，置，《说文》义也。《礼·问丧》云："恻怛 cè dá，哀伤之心，疾痛之意。……故曰：'辟踊哭泣，哀以送之。'送形而往，迎精而反也"。

《释文》庙亦作庿。《祭法》云："王立七庙，诸侯立五庙，大夫立三庙，适士二庙，官师一庙，庶人无庙。"《王制》云："庶人祭于寝。"邢《疏》云："春秋祭祀，兼庶人也。"适，读若嫡。《礼说》云："宗，尊也。庙，貌也。"《释文》享又作飨，盖义同。唐玄宗《注》云："立庙祔 fù，指新死者附祭于先祖祖之后，则以鬼礼享之。"此言"祔"者，失其义矣，邢《疏》亦未考焉。僖三十三年《左传》云："凡君薨，卒哭而祔，祔而作主制作木主、神位，特祀于主，烝、尝、禘三者均为祭名于庙。"夫特祀于主者，在寝祀之也。孝子三年之丧，不忍死其亲，故特祀于主焉，非以鬼礼享之也。司马《注》易之，善矣。《诗·天保》毛《传》云："春曰祠，夏曰禴 yuè，秋曰尝，冬曰烝。"言祭祀也。《中庸》云："春秋修其祖庙。"不言冬夏者，省文也，犹《鲁史》四时具而亦称《春秋》焉。《孝经》例同。

《禮·祭義》言所思者，蓋於春露秋霜，而言君子履之之感也。《尚書說》，苞，與包通。《孟子》有"及至葬"之文。司馬《注》"立主"上有"為之"字，此於經文未叶也，今刪焉。

"生事愛敬，死事哀慼，生民之本盡矣，死生之義備矣，孝子之事親終矣。"

生民者，生人也，統貴賤尊卑而言。自天言之，皆生民也。《詩》言后稷者曰"厥初生民"。盡，如《中庸》"能盡其性"之盡，今謂盡孝也。孝之愛敬者，德之本天性也，蓋天生民之本也。以生事愛敬之常，而遭死事之變，其本天性者，由愛敬發而為哀慼焉。生事盡愛敬，死事盡哀慼，則生民之本盡矣；以送死之義，承養生之義，則死生之義備矣。此孝子之終於立身者雖未終，而孝子之事親終矣。此一節遠以結前諸章之意，而近以畢此一章之言。《論語》引古之言曰："所重，民、食、喪、祭。"《堯曰》蓋王政所重也，今於《孝經》而知所重焉。《經》曰："天地之性，人為貴。"則莫重乎民也，宜成其為孝子之民也。食，以盡孝子之養生；喪，以盡孝子之送死；祭，以盡孝子之思親。皆因民而重也，即所以盡生民之本也。（養，去聲）

述曰：唐《御注》於此章首節云："生事已畢，死事未見，故發此事。"邢《疏》云："此依鄭《注》也。謂上十七章說生事已畢，其死事《經》則未見。"非也。今據經《紀孝行章》云："喪則致其哀，祭則致其嚴。"豈死事未見乎？《商頌》者，商天子祭祀之詩也。其詩曰："先民有作。"謂先王也，蓋與《詩》歌生民者義同。《禮·郊特牲》云："天下無生而貴者也。"故曰："天子之元子，士也。"則生民之義可推也。人有恒言，凡自盡其心者，皆曰盡本心。事親者，誠如斯言也。生民之本盡矣，其天性之言乎？《孟子》云："養生者不足以當大事，惟送死可以當大事。"《離婁下》蓋養生之事其常也，送死之事其變也，故尤以為大焉。王氏應麟云："此言事親之終，而孝子之心昊天罔極，未為孝之終也。曾子戰戰知免，而易簀 zé。更換寢席得正，猶在其後，信乎終之之難也。"《困學紀聞》卷七易簀，見《禮·檀弓》。《孟子》云："養生喪死無憾，王道之始也。"《梁惠王上》此《論語》敘王政者，惟所重民食喪祭也，其義皆通於《孝經》矣。王道養生，讀養上聲，與"孝子養生"讀不同。

孝經集注述疏壹卷終
門弟子校刊於讀書堂

讀書堂答問

目　錄

《孝經》今文 …………………………………… 131
《孝經》偽古文、偽孔傳 ……………………… 131
《孝經》曾子門人所記非孔子作亦非曾子作 … 135
《孝經》鄭注 …………………………………… 137
《孝經》唐宋疏 ………………………………… 138
《孝經》引《詩》、《書》 ………………………… 141
《孝經》分章而名 ……………………………… 142
《孝經刊誤》朱子未定之書 …………………… 143
《孝經》之立漢唐良制 ………………………… 144
《孝經》譯國語 ………………………………… 145
《孝經》議者譏刺語 …………………………… 145
　　以上說全經，以下說諸章

開宗明義章 ……………………………………… 147
天子章 …………………………………………… 154
諸侯章 …………………………………………… 156
卿大夫章 ………………………………………… 158
士章 ……………………………………………… 159

庶人章 …………………………………………… 162
三才章 …………………………………………… 170
孝治章 …………………………………………… 182
聖治章 …………………………………………… 184
紀孝行章 ………………………………………… 193
五刑章 …………………………………………… 195
廣要道章 ………………………………………… 197
廣至德章 ………………………………………… 198
廣揚名章 ………………………………………… 199
諫諍章 …………………………………………… 201
感應章 …………………………………………… 208
事君章 …………………………………………… 211
喪親章 …………………………………………… 212

凡答問八十八條,同為壹卷

《孝經》今文答問壹條

1. 或問曰：《孝經》其古歟？

答曰：今文《孝經》，古矣。蔡邕《明堂論》引魏文侯_{名斯，战国时魏国执政者，前445—前396年在位}《孝經傳》曰："大學者，中學明堂之位也。"《呂氏春秋·察微篇》引《孝經·諸侯章》，此古之徵也。其與《左傳》或同，則古之公言而述之也。昭十二年《左傳》云："克己復禮，仁也。"僖三十三年《左傳》云："出門如賓，承事如祭，仁之則也。"今《論語》皆述之，其例也，皆古也。今之古文《孝經》，非古也，偽也，邢《疏》詳矣。邢《疏》與《隋志》、《唐會要》略同。今文者，今字也。古文者，古篆也。

《孝經》偽古文、偽孔傳答問三條

1. 梁應揚問曰：或言《孝經》之偽者，何也？

答曰：偽古文經也，偽孔安國《傳》也。《漢書·藝文志》云:"魯共王壞孔子宅,而得古文《尚書》及《禮記》、《論語》、《孝經》,凡數十篇,皆古字也,孔安國悉得其書。"而《志》言安國獻之者,惟古文《尚書》。其後古文《孝經》,則獻之由三老焉。漢許沖為其父慎獻《說文》而上書云:"慎又學《孝經》孔氏古文說。古文《孝經》者,孝昭帝時魯國三老所獻,建武時給事中議郎衛宏所校,皆口傳,官無其說。謹撰具一篇,並上。"今可考也。《漢志》云:"《孝經》古孔氏一篇。"班固自注云:"二十二章。"顏師古注引劉向云:"古文,《庶人章》分為二也。《曾子敢問章》為三,又多一章,凡二十二章。"《漢志》云:"《孝經》一篇。"自注云:"十八章。"又《志》云:"長孫氏說二篇、江氏說一篇、翼氏說一篇、后氏說一篇、安昌侯說一篇。"故曰:"漢興,長孫氏、博士江翁、少府后倉、諫大夫翼奉、安昌侯張禹傳之,各自名家。經文皆同,唯孔氏壁中古文為異。'父母生之,續莫大焉','故親生之膝下',諸家說不安處,古文字讀皆異。"顏注引桓譚《新論》云:"古《孝經》千八百七十二字,今異者四百餘字。"由是言之,《孝經》有孔氏古文,而無孔氏古文說也,非若今文傳諸家說矣。邢《疏》引司馬貞議古文者,猶謂安國作《傳》,緣遭巫蠱 gǔ[1] 未之行也。何其不察於斯乎? 蓋司馬說,由王肅偽《家語·後序》蚤欺之也。

《隋書·經籍志》云:"秦焚書,《孝經》為河間人顏芝所藏。漢初,芝子貞出之。"《志》言今文也,即司馬貞議稱漢

---

[1] 巫蠱之禍,漢武帝末年朝廷內部發生的重大政治事件。迷信認為"巫蠱"之術(即用巫術詛咒或埋木偶人於地下)可以害人。武帝晚年多病,疑其為左右人巫蠱所致,因此處死了一些大臣。

河間王所得顏芝本也。《隋志》云："古文《孝經》，長有《閨門章》，孔安國為之《傳》。"又云："安國之本，亡於梁亂。至隋，秘書監王劭shào於京訪得孔《傳》，送至河間劉炫，炫因序其得喪，講於人間，漸聞朝廷。後遂著zhuó令下令，責成，與鄭氏東漢鄭玄並立。儒者諠諠，皆云炫自作之，非孔舊本，而秘府又先無其書。"此隋時古文《孝經》與孔《傳》同出，而皆偽也。自唐《御注》行，偽孔《傳》久佚於五代以來矣。迨乾隆時，日本偽孔《傳》又隨市舶而至也，此偽中之偽也。彼國掌書記官名山井鼎猶自疑之，今中國皆不售其偽矣。而偽古文《孝經》，則自司馬氏光用之，至於朱子亦不去偽《閨門章》也。論者以為桓譚校本不存，如唐本，則古與今異者不過數十字爾。其文異義同者多也，奚必爭乎？然此非所以尊經也。既知其偽而兼用之，豈明辯之義乎？況其害義乎？《說文》引古文《孝經》曰："仲尼凥。"蓋"凥"，古"居"字。今曰"仲尼閒居"，多"閒"字。雖偽也，無傷也。《庶人章》分為二，而加"子曰"在"故自天子"之上，則故之為文礙矣，猶微也。《偽古文》云："閨門之內，具禮矣乎。嚴父嚴兄，妻子臣妾，猶百姓徒役也。"此偽者之淆禮制也。《大戴禮·本命篇》云："女曰及乎閨門之內。"此《禮·內則》所謂"女子居內"也。其所謂"男子居外"者，豈不在閨門之外邪？今偽者淆之矣，詳《論語集注述疏·子路篇·子適衛章》。

共王，讀共若恭。長孫，讀長丁丈反。處，讀去聲，如《漢書·賈誼傳》"置諸安處"之處。此統承上三句也。"臣瓚云：'諸家之說，各不安處之。'"處，讀上聲，文勢渙矣。唐《御注》釋續、釋親生者,今酌而脩之,求其安處。《詩·良耜》云:"以似以續,續古之人。"此續之大者也,可斷章焉。蠱,讀若古。漢武帝時,有巫蠱害太子之事。《隋志》云:"古文長有《閨門章》。"或譌作"長孫有《閨門章》",《通考》引《隋志》誤同。長有,猶多有也。《論語》皇《疏》敘云:"《齊論》,長有《問王》、《知道》二篇。"其為文同。炫,熒絹反。得喪,讀喪去聲。諠,與喧同。司馬貞議古文者,謂"閨門"為近俗之語,此知其偽,而議之未得也。故無以正其偽,而後之君子反不疑矣。或曰,貞去《閨門章》,遂啟玄宗幸蜀之禍天寶十五年(756年),唐玄宗在潼關失守後,駕臨四川以避戰亂,非也。當時詔孔《傳》亦存,未嘗去也,且去偽奚不可乎?耜,詳里反。斷,都管反。邢《疏》云:"古文《孝經》孔《傳》,本出孔氏壁中,語甚詳正。"此《疏》"孔傳"二字當在壁中句下"語"字上,今本誤也。

2. 尤潤慶問曰:《樂記》云:"在閨門之內,父子兄弟同聽之,則莫不和親。"竊謂《樂記》為漢河間獻王共諸生等作,故其為說有不如古《禮·內則》之嚴者矣。若此文殆然也,惟猶不至如偽古文《孝經》,於閨門之內,而言臣妾之臣也。

答曰:然。《禮·仲尼燕居》云:"以之閨門之內有禮,故三族和也。"鄭《注》云:"三族,父、子、孫也。"此謂三族和,由閨門之內有禮故也,而豈及臣妾之臣乎?《大戴禮·曾子立事篇》云:"使子猶使臣也。"又云:"忿怒其臣妾,亦猶用刑罰於萬民也。"今偽者襲而竊之曰:"妻子臣妾,猶百姓徒役也。"顧乃概言閨門之內邪。

3. 張子沂問曰：邢《疏》謂《孝經》遭秦焚，為顏芝所藏，芝子貞始出之，長孫氏及張禹等所說，皆十八章。及魯恭王壞孔子宅，得古文二十二章，孔安國作《傳》，劉向校經籍，比量比較二本，除其煩惑，以十八章為定。如邢說，則劉向刪古文以從今文矣。是古文經本自劉向刪後，亦如今文之十八章歟？

答曰：此邢《疏》本《隋書·經籍志》而大誤也。《漢書·藝文志》云："《孝經》，古孔氏一篇。"班固自注云："二十二章。"顏師古注引劉向說同，蓋與《漢志》所敘今文《孝經》十八章判然矣。《漢志》敘今文《孝經》者，詳列諸家說若干篇。至於古文《孝經》，則不言有某氏說也，又安有孔氏《傳》乎？班氏為《藝文志》，皆本劉歆卒完成父向業者所奏之《七略》。然則向校《孝經》，豈如《隋志》云乎？《隋志》云："孔安國之本，亡於梁亂。"以此知為《隋志》者，原不見古文經本也，實妄言爾。蓋《隋志》言經籍多誤者。

《孝經》曾子門人所記非孔子作亦非曾子作 答問壹條

1. 或問曰：《史記·仲尼弟子列傳》敘曾子者云："孔子以為能通孝道，故授之業，作《孝經》。"或據此謂《孝經》曾子作，何也？

答曰：非也，其傳言云。孔子曰："受業身通者七十有七人。"則此言孔子作《孝經》授之業，知曾子能受業身通也。邢《疏》引《孝經緯·鉤命決》云:"孔子曰:'吾志在《春秋》,行在《孝經》。'"又云:"孔子曰:'《春秋》屬商卜商,字子夏,孔子弟子,《孝經》屬參曾參。'"此《緯》言孔子作《孝經》矣,與《史記》同。傅氏《孝經序》引《緯》云:"孔子曰:'欲觀我褒貶諸侯之志在《春秋》,崇人倫之行在《孝經》。'"蓋邢引《緯》者,節其文爾,鄭氏信《緯》者也。邢《疏》引鄭《六藝論》云:"孔子以六藝不同,故作《孝經》以總會之。"邢《疏》謂鄭說實居講堂,則與劉炫謂假曾子為答問者不同,然皆謂《孝經》孔子作也。今据《經》曰:"仲尼居,曾子侍。"蓋曾子門人記之,甚明也。《禮記·孔子閒居》:"子夏侍,仲尼燕居,子張、子貢、言游侍。"其下稱"子曰",不稱"仲尼曰"。以《論語》例之,孔子稱子,朋友稱字,子貢亦稱孔子為仲尼,《孝經》非其例也。《大戴禮·王言篇》云:"孔子閒居,曾子侍。"其例也,謂曾子作《孝經》,豈當自稱子乎?謂孔子作,豈當自稱字乎?且為"子曰"之文,而自稱子乎?《疏》云:"古者謂師為子,故夫子以子自稱。"是烏知聖人皆自謙,而無自尊者邪?孔子作《易傳》,其《傳》有"子曰"之文,皆後人所加也,猶所加"彖曰"、"象曰"之文也。今以《論語》辯《疏》說焉。"子謂子貢曰:'女與回也孰愈誰更強一些?'"《公冶長》"子曰:'賜也。女以予為多學而識之者與?'"《衛靈公》豈無夫子先自言之乎?非假也。"樊遲未達,子曰:'舉直錯諸枉,能使枉者直。'"《為政》豈待問乎?非假也。"子張曰:'何謂惠而不費?'"《堯曰》此五美問其一也。夫子即以五美悉告之,豈必一問一答乎?皆非假也。行,讀去聲。屬,讀若燭。

商，子夏名。褒，讀報，平聲。貶，方斂反。女，讀若汝。識，讀若志。與，讀若歟。錯，讀若措。《易·文言》云："初九曰，潛龍勿用，何謂也？龍德而隱者也。"皆自為問答之辭。其加"子曰"者，非也。《論語》云："君子人與？君子人也。"_{《泰伯》}其例同。《易·繫辭傳》云："善不積不足以成名。"其上未加"子曰"之文。《易》曰："介于石，不終日，貞吉。"介如石焉，寧用終日，斷可識矣。其中未加"子曰"之文，此原文也。以此知其餘當一例也。斷，丁亂反。

《孝經》鄭注_{答問壹條}

1. 沈維松問曰：《孝經》鄭《注》，五代以來，亡之久矣，今若可不辯焉。惟《釋文·序錄》云："今用鄭《注》十八章本。"蓋唐《御注》本所因也。今且辯焉，以知鄭注本，可乎？

答曰：此鄭康成注本也，或以為康成適孫_{嫡孫}鄭小同注者，非也。《禮·郊特牲》疏引王肅難鄭者，則稱《孝經注》云："社，后土也，句龍為后土。"鄭既云："社，后土，則句龍也。"是鄭自相違反，此足徵也。蓋鄭說社是土神，句龍配為之，而王說句龍為社，故有此難焉。昭二十九年《左傳》云："共工氏有子曰句龍，為后土。"又云："后土為社。"其言"為"者，鄭、王各異釋也。此鄭康成《孝經注》為王肅所難者，唐時議者未察之爾。范蔚宗_{范曄}《後漢書·鄭玄傳》稱所注有《孝經》，不誣也。蓋蔚宗王父_{祖父}武子_{范甯，字武子，經學家，有《春秋穀梁傳集解》}等，專於鄭氏家法者也。

難，讀去聲。句，讀若鉤。《禮》疏："社，后土也。"此從惠氏棟字定宇，江蘇元和人。清代著名漢學家，吳派代表人物校宋本，據上下文校正之。

阮氏元云："近日本國偽撰《孝經鄭注》一本，流入中國。蓋道光時也，此猶昔者彼國之偽《孝經孔傳》也。"若夫《釋文·序錄》云："檢《孝經注》與康成注《五經》不同。"今猶有可考者。《釋文》出經云："卜其宅兆而安厝之。"又出注云："兆，卦也。"字書皆作"垗"，《廣韻》云："垗，葬地。"蓋此出鄭《注》以別《異義》焉。《士喪禮》云："筮宅，冢人營之。"又云："主人皆往，兆南北面。"鄭《注》云："兆，域也。"遂說以《孝經》云："卜其宅兆而安厝之。"《禮》賈《疏》云："此注兆為域，彼注兆為吉兆，以其《周禮》'大卜掌三兆'，有'玉兆'、'瓦兆'、'原兆'者，故鄭《注》兩解俱得。"賈言鄭兩解者，是矣；其言俱得者，非也。鄭惟《禮注》釋"兆"得之，今當以易《孝經注》矣。其例，如鄭《詩箋》與鄭《禮注》，有文同而義不同，蓋不得以其不同而疑其非出鄭一人也。大，讀若太。

《孝經》唐宋疏_{答問四條}

1. 黃德鄰問曰：《孝經正義》三卷，此舊本也。唐玄宗《御注》、宋邢昺《疏》、今注疏本惟題曰"宋邢昺校"，何也？

答曰：《唐會要》云："開元十年六月，上注《孝經》頒天下。天寶二年五月，上重注頒天下。"蓋以《御注》勒石於太學，所謂《石臺孝經》者是也。今在陝西行省西安府學中，為碑四焉。《唐書·元行沖傳》稱玄宗自注《孝經》,詔行沖為《疏》,立於學官。當是時,《注》先再脩,《疏》旋再脩,《唐會要》可考也。《宋會要》云:"咸平二年三月,命祭酒邢昺等取元行沖《疏》,約而脩之。四年九月,以獻。"《崇文總目》謂其據元氏本而增損焉,今則無由識別矣。其挈銜下言奉敕校定注疏,其序云:"翦截刪削元《疏》,旁引諸書,分義錯經。"是其校定也。今惟題曰"宋邢昺校",其不曰"校定"者,後世刊本之失題也。《宋史·邢昺傳》云:"昺在東宮及内庭,侍上講《孝經》、《論語》,據傳疏敷引之外,多引時事為喻,深被嘉獎。"如《宋史》言,蓋昺得鄭康成諸經注,每言若今某事之意歟?或因此"據傳疏敷引"云者,遂謂昺於《孝經》實未為《疏》也,其惟校而已。則講經云然,豈釋經云然?行,讀去聲。勒,讀棱,入聲。

2. 或問曰:《孝經序》疏,引《禮·祭統》云:"孝者,畜也。畜,養也。"何如?

答曰:畜,許又反,此古音也,讀若秀。《釋文》:"畜,許六反。"失之。蓋孝與畜,其義以其聲相近而生也。《祭統》云:"孝者,畜也。順於道不逆於倫,是之謂畜。"鄭《注》云:"畜,謂順於德教。"蓋古義若斯也。今《疏》不備引之,而乃云:"畜,養也。"將與《論語》說養犬馬同譏[1],豈不徒滋惑乎?夫古音古義,雖備引之,非今人所易知也。今言孝者

---

[1] 《論語·為政》:"子游問孝。子曰:'今之孝者,是謂能養。至於犬馬,皆能有養。不敬,何以別乎!'"

雖舍之，亦時不同爾。邢《疏》於《孝經·庶人章》引《援神契》云："庶人行孝曰畜。"此《孝經緯》之妄也。《祭統》豈專言庶人乎？互詳《論語述疏·子適衛章》、《孟子》"畜君"說。

3. 梁脩為問曰：《孝經序》疏，用古何如？

答曰：其用古有不詳其書者，非"疏"體之宜也。《莊子》云："桀殺關龍逢桀時大臣，因忠諫被殺，紂殺王子比干紂之叔父。"《人間世》《家語》云："曾參，後母遇之無恩，而供養不衰，其妻以梨烝采藜的嫩葉蒸熟為食，多指粗劣之食不熟，因出休棄，遺棄之。人曰：'非七出①也。'參曰：'梨烝，小物耳，吾欲使熟，而不用吾命，況大事乎？'遂出之，終身不娶妻。其子元請焉，告其子曰：'高宗指商王武丁以後妻殺其子孝己，尹吉甫周宣王大臣，《詩經》的主要采集者以後妻放放逐，流放伯奇尹吉甫長子，吾庸知其得免於非乎？'"此《莊子》及《家語》，今《疏》用之而不詳其書，始學者未即明也。梨烝，《白虎通》作"黎蒸"，今《疏》本作"藜蒸"。取，與娶通。孝己，讀己若紀。《後漢書·郅惲傳》云："高宗明君，吉甫賢臣，及有纖介，放逐孝子。"今《家語》說同。吉甫，詳《論語述疏·顏淵篇·子張問明章》。邢《疏》稱耘瓜者，亦不稱《說苑》也，詳《論語述疏·子適衛章》、《孟子》"舜在床琴"說。

---

① 七出：古代社會丈夫遺棄妻子的七種條款。《孔子家語·本命解》云："婦有七出三不去。七出者：不順父母者，無子者，淫僻者，嫉妒者，惡疾者，多口舌者，竊盜者。"《儀禮·喪服》"出妻之子為母"唐賈公彥疏云："七出者：無子，一也；淫佚，二也；不事舅姑，三也；口舌，四也；盜竊，五也；妒忌，六也；惡疾，七也。"

4. 伍蘭清問曰:《孝經疏》,何為乎其稱老子也?

答曰:《史記》云:"老子者,姓李氏,名耳,字聃。"《老子韓非列傳》蓋史遷不能知其姓也,則闕其姓而記其氏焉。唐,李氏也,故尊老子而封之,於是乎諸經唐疏皆尊老子矣。《孝經》為唐《御注》、元氏《疏》尤尊老子,其勢然也。邢氏脩其《疏》,而於此不削之,亦不辯之,則過矣。蓋邢氏惑於老子之學,考諸《論語》邢《疏》而知也。老子有《道經》、《德經》,豈同孔子之經乎?《史記》云:"《尚書》獨載堯以來。"《五帝本紀》蓋孔子之道出斯也。《老子》云:"失道而後德,失德而後仁,失仁而後義。"蓋老子言道者,自上古黃帝時言之,此漢治所以尚黃老而失之也。其言道德仁義云者,皆於孔子名同而實異焉。《老子》云:"六親不和有孝慈。"此矯激奇异偏激,违逆常情以為言爾。韓文公韓愈之在唐也,作《原道》文而辯《老子》也。其言人所不敢言也,其於孔子則閑捍禦,保衛也。邢《疏》以《禮運》參《老子》者,辯詳《論語述疏·子適衛章》。聃,讀若耽。

《孝經》引《詩》、《書》答問壹條

1. 伍蘭清問曰:《孝經》引《詩》者十,引《書》者一。胡氏宏字仁仲,號五峰,福建崇安人,北宋經學家疑《孝經》引《詩》非經本文,而不疑所引《書》,何也?

答曰:《天子章》引《甫刑》云:"一人有慶善事,兆民天子之民,泛指眾民賴之。"夫一人者,天子也,則於《書》無疑矣。然如其說而例之,《天子章》所引《書》,亦豈經本文乎? 由今考之，不知其疑者何，惟今有可釋焉。《經》曰："此庶人之孝也，故自天子至於庶人，孝無終始，而患不及者，未之有也。"其文法不得有所引於其間矣，何疑《庶人章》獨無所引乎？后稷配天，以嚴父之孝而及其祖也，何疑其引《詩》遽言祖德乎？《詩序》曰："雅者，正也，言王政所由廢興也。"《孝經》諸章，皆統稱《詩》，惟首章獨以《大雅》稱，蓋自教而及政也，為下文先發端也，何疑其雜引不倫乎？《大學》言平天下者，引《詩》師尹<small>周太師尹氏</small>言之，以師尹相天子而平天下也，何疑《孝經》上言先王而下引師尹乎？《詩》有斷章之義，《詩》言君子為民之父母，《孝經》引之，則言民以君子為父母，所謂"以孝事君則忠"也。以上文言君子之教以孝也，引《詩》之義，於《詩》本義亦相因也，又何疑其異義乎？且至德即要道也，何疑於《廣至德章》引《詩》而《廣要道章》不引《詩》乎？《論語》云："興於《詩》。"<small>泰伯</small>《大學》、《中庸》、《表記》、《緇衣》，亦引《詩》者多也，何疑《孝經》所引乎？《詩》戒戰兢，《論語》稱曾子引之矣。

《孝經》分章而名<small>答問壹條</small>

1. 或問曰：《孝經》分章而名，何也？

答曰：《漢書・匡衡傳》云："《大雅》曰：'無念爾祖，聿脩厥德。'孔子著之《孝經》首章。"蓋分章自漢時然矣，惟《漢志》敘分章之數而無章名，其章名自何人為之則無聞焉。邢《疏》云："皇侃標其目而冠於章首。"又云："今鄭《注》見章名。"蓋邢據《釋文》用鄭注本也，斯章名不在鄭後歟？朱子本分章而刊去章名，從古本也。然《孝經》之學，由小學而通大學焉，其所以益章名者，欲小學之易知也。今察其章名，於經亦無違也，則因之可也。

《孝經刊誤》朱子未定之書答問壹條

1. 梁應揚問曰：朱子著《孝經刊誤》，采今文、古文而自成本焉。分為經一章，傳十四章，刪舊文二百二十三字。或章刪其句，或句刪其字，何也？或謂《刊誤》乃朱子未定之書，然乎？

答曰：然矣，此朱子未察古文之偽爾。此於偽古文《閨門章》之淆禮制也，猶未及刊之矣。其於《孝經》分經傳，非也。自《庶人章》而下，疊有曾子問辭，與首章為相應也，皆經之自申其義也，安見其下之為傳乎？元吳澄《孝經定本》從朱子例，分經傳，而傳之次序不同，亦非也。惟吳本則察《閨門章》之偽，而附錄於後焉，猶未察其淆禮制也。今本當從今文，其義實無可刪焉。然或以朱子所疑於《孝經》者，謂朱子詆毀此書，已非一日。特不欲自居於改經，故《刊誤》自記，則託之胡宏、汪應辰爾，是何其深文苛刻的文字而欲加之罪邪？夫學有所疑，質之前輩，非所謂託之也。朱子幼方就傅從師，授以《孝經》，一閱，題其上曰："不若是，非人也。"朱子《上封事》云："臣所讀者不過《孝經》、《語》、《孟》之書。"朱子知南康地名，今屬江西時，說《孝經》"庶人之孝"以示其民，豈嘗詆毀者乎？夫朱子為《刊誤》，而未為訓釋，則《刊誤》乃未定之書可知也。彼執《刊誤》而為五六百年門戶之爭者，又奚為也？

《孝經》之立漢唐良制 答問二條

1. 或問曰：《孝經》之立何如？

答曰：漢制，《孝經》置博士①，此孝文帝時也。其後，以五經博士統之。凡通《五經》者，皆兼《孝經》也，且令衛士皆習焉。蓋漢制，使天下誦《孝經》，選舉無不由斯矣。唐制，舉明經漢代選舉官員的科目，須通曉經術，《孝經》列九經之首，皆良制也。

2. 沈維松問曰：《後漢書·荀爽列傳》云："漢制，使天下誦《孝經》，選吏、舉孝廉。"《續漢書·百官志》云："司隸校尉，假佐漢代各府的文書官二十五人，《孝經》師，主監試經。"蓋諸州以此制推矣。咸豐中，歲科試士府州縣，皆增《孝經》論，而主者視其為具文徒具形式而不切實用的文辭，如之何而可也？

答曰：其必須好古教化如韓延壽者乎？《漢書·列傳》云："韓延壽為東郡太守，好古教化，所至必聘其賢士，以禮待用。延壽嘗出，臨上車，騎吏出行時隨侍左右的騎馬的吏員一人後至，敕功曹議罰議定其罪給以處罰，白。還至府門，門卒當

---

① 博士：古代學官名。六國時有博士，秦因之，諸子、詩賦、術數、方伎皆立博士。漢文帝置一經博士，武帝時置五經博士，職責是教授、課試，或奉使、議政。晉置國子博士，唐有太學博士、太常博士、太醫博士、律學博士、書學博士、算學博士等，皆為教授官。明、清亦設置之，稍有不同。

車,願有所言。延壽止車問之,卒曰:'《孝經》曰,資於事父以事君而敬同,故母取其愛,而君取其敬,兼之者,父也。今旦明府漢魏以來對郡守牧尹的尊稱,又稱明府君早駕,久駐未出,騎吏父來,至府門,不敢入。騎吏聞之,趨走出謁,適會明府登車,以敬父而見罰,得毋虧大化廣遠深入的教化乎?'延壽舉手輿古代馬車車廂,泛指車中,曰:'微子如果沒有先生,太守不自知過。'歸舍,召見門卒。卒本諸生,聞延壽賢,無因自達,故代卒,延壽遂待用之。"《韓延壽傳》今如得韓延壽其人者而主試焉,其必有以《孝經》得士歟?假,舉下反,猶今兼署。監,讀平聲。守,讀去聲。騎,其寄反。白,一字句也,議定而更白之。還,讀若旋。

《孝經》譯國語 答問壹條

1. 馮春林問曰:《國語孝經》,何也?

答曰:《國語孝經》一卷,《隋志》著錄焉。拓跋魏遷洛,未通華語漢語,孝文帝命以國語譯之也,斯其於《孝經》用夏華夏,中原變夷指少數民族者乎?魏,拓跋氏也。譯,讀若亦。拓,讀若託。

《孝經》議者激刺語 答問壹條

1. 或問曰:《後漢書·獨行傳》云:"向栩,少為書生,性卓詭不倫。張角(?—184),鉅鹿人,領導東漢末年"黃巾軍起義"作亂,栩上便biàn宜有利國家,合乎時宜之事,頗議刺左右,不欲國家興兵。但遣將於河上北向讀《孝經》,賊自當消滅。中常侍張讓讒栩不欲令國家命將出師,疑其與角同心,欲為內應,收送黃門北寺獄,殺之。"其言讀《孝經》消河北賊者,人皆笑其迂矣,竊謂其似迂而實激斥責,譏刺也。此即以刺左右之非忠孝也,此左右所以必殺之而後已也。漢時,衛士誦《孝經》,故言遣將讀之爾,意謂諸將違《孝經》也。

　　答曰:此論存之,可也。《獨行傳》中人,當有為言之者。栩,虛吕反。將,讀去聲。

以上說全經,以下說諸章

開宗明義章答問十條

1. 或問曰：《孝經》"開宗明義章第一"，邢《疏》云："此章總標，諸章以次結之，故為第一，冠諸章之首焉。"其言"總標"、言"結之"者，何也？

答曰：當云首章總發，諸章以次申之。邢《疏》於《廣至德章》云："首章標至德之目。"其未審歟。夫首章總發而言其大略也，非標目云爾。冠，讀去聲。

2. 伍蘭清問曰：《孝經》云："先王有至德要道。"其言先王也。《釋文》引鄭云："禹，三王最先者。"又《釋文》云："王，謂文王也。"唐《注》云："先代聖王。"孰是歟？

答曰：唐《注》是矣。《易·繫辭傳》云："古者，包犧氏之王天下也。"《禮·祭義》云："虞、夏、殷、周，天下之盛王也。"斯豈謂三王而已乎？故《禮運》記孔子云："昔者，先王未有宮室，未有火化_{用火烤燒食物}，未有麻絲。"謂上古之世焉，且稱先王矣。夫孝原天性，自生民以來，不得以何王繫也。《經》稱宗祀文王，亦不得繫此言也。王天下，讀王去聲。

3. 黃煒群問曰：《孝經》首章云"以順天下"，此虛引乎孝之辭。七章云"以順天下"，此實指乎孝之辭。唐玄宗云："能順天下人心。"司馬氏云："非先王強以教民，故曰'以順天下'。"范氏云："因民之性而順之。"皆首章之注，而其注之上文，皆實指乎孝而言。其文，雖失經之虛引體歟，亦欲學者易明爾。惟其義備乎？

答曰：如《注》云："天下原自順者，以此順之；天下或不順者，亦以此順之而順，故曰'以順天下'。"若斯，則其義備矣。蓋《孝經》者，導善而救亂之書也。《孟子》言舜之順親為大孝者，則曰"瞽瞍厎豫而天下化"，言皆順也，此導善也。天下原自順者，性善也。《易傳》云："將以順性命之理。"《孝經》亦然。《經》曰："天地之性，人為貴。父子之道，天性也。"今順其理焉。《論語》稱有子言人之孝必不亂者，則曰："而好作亂者，未之有也。"言不順者亦順也，此救亂也。天下或不順者，習於不善而亂也。《經》曰："非孝者無親。"此大亂之道也，聖人其有憂乎？強，讀上聲。瞽瞍，舜父，蓋以無目而名。厎，讀若旨，致也。豫，悅樂也。《易·象傳》云："豫，順以動，其象也。"范氏云："民用和睦，上下無怨，順之至也。"其義是矣。其文，於《經》言至者，偏出焉。

4. 伍蘭清問曰：《孝經》首章，司馬《注》云："聖人之德,無以加於孝,故曰至德;可以治天下,通神明,故曰要道。"范《注》"至德"同。其異者則云:"治天下之道,莫先於孝,故曰要道。"竊以為范《注》優矣。何如?

答曰:其義則皆然,其文皆未叶於經文。蓋孔子自言而自明之,此注不當別為文也,今於《經》下文有酌焉。謹案:夫孝,德之本也,明乎孝為至德焉;教之所由生也,明乎孝為要道焉。《論語》曰:"君子務本,本立而道生。"《中庸》曰:"脩道之謂教。"蓋注文宜若斯矣。邢《疏》云:"至美之德,要約之道。"如曰"至極之德",則洽也。其《疏》言夫子釋之者云:"夫孝,德之本也,釋先王有至德要道;教之所由生也,釋以順天下,民用和睦,上下無怨。"如《疏》之分屬者,亦於經文未叶矣。是未察此至德要道既明,則順民之效可知也。《釋文》引鄭云:"至德,孝悌也;要道,禮樂也。"鄭據經下文《廣要道章》、《廣至德章》而言也。然《注》於首章,當專以孝立文矣。如鄭說,不其突乎?唐《御注》云:"至要之化。"其文嫌若要為至要然,斯經分言至者,不明矣。邢《疏》云:"殷仲文曰,窮理之至,以一管眾為要。"蓋殷說,由至得要,則分言也。

5. 梁啟沃問曰:今文《孝經》云:"夫孝,德之本也,教之所由生也。"古文無兩"也"字,何如?

答曰:其義則同,其文則今文善矣。如是,其文勢乃以騰一經。凡"也"之為文,今文有而古文無者多。其於文皆有善於無,豈可得其義而失其文乎?其曰:"夫孝,天之經,地之義,民之行。"豈其文善乎?吳氏澄云:"劉炫所減,多是句末'也'字。"蓋吳知其妄減焉，此偽異文爾。其曰："父子之道，天性，君臣之義。"何為而致斯蹙急促,緊迫邪？或曰，語助辭，奚足辯歟！是烏知經為文學，雖語助辭，亦徵文學之得失哉？《儀禮·士相見禮》云："某也，固辭不得命。"此鄭從古文《禮》焉，故《注》云："今文無也。"此辯"某"下"也"字而云然。蓋鄭於《禮》之今古文，采其善者為正文，而存異文於《注》中。彼其今古文皆真矣，且猶辯之，況偽者邪？

6. 馮春林問曰：《孝經》云："身體髮膚，受之父母，不敢毀傷，孝之始也。"司馬《注》云："夫聖人之教，所以養民而全其生也。苟使同輕用其身，則違道以求名，乘險以要利，忘生以決忿。如是，而生民之類滅矣。故聖人論孝之始，而以愛身為先。"其說何如？

答曰：《喪親章》經云："生民之本盡矣。"司馬《注》亦以養民言之，其足觀名宰相之懷者乎？惟《孝經》之義，當專自孝子事親之心而言。今如司馬說，則養民云然，豈專言邪？唐《御注》云："父母全而生之，己當全而歸之，故不敢毀傷。"此專自孝子事親之心而言也，今當從之。范《注》云："身體髮膚受於親，而愛之不敢忘，則不為不善，以虧其體而辱其身，此所以為孝之始也。"今以范《注》佐唐《注》，則經文備矣。范《注》云："則不為不善以辱其親。"此原文也，今略脩焉，以當依《禮·祭義》文也。辱其身則辱其親，可知也。要，讀平聲。

7. 梁啟沃問曰：《孝經》第一章，當有顏淵其人者。今考《論語》云："德行，顏淵、閔子騫。"惟人之言曰："孝哉，閔子騫！"而顏淵不以是聞。《中庸》述孔子云："仁者，人也，親親為大。"而孔子稱回也之仁，不以其事親稱，何歟？或曰，其父顏路，慈父也，故顏淵死，而從門人厚葬之。父慈子孝，其常也，斯異乎閔子騫蘆花衣寒①者歟？

答曰：《大戴禮·衛將軍文子篇》敘子貢對文子云："夙興夜寐，諷誦崇禮，行不貳過，稱言不苟，是顏淵之行也。"孔子說之以《詩》，《詩》云："媚愛戴茲一人指周文王，應順應，應合侯乃順德美德。永言孝思，昭明哉嗣服繼承先人的事業。"《大雅·下武》故回一逢有德之君，世受顯命，不失厥名，以御于天子以申之。蓋謂其可為王佐而成天子之孝也，則顏淵之孝可知也。《詩·小宛》云："夙興夜寐，無忝爾所生。"《孝經》說之矣。如子貢言，夙興夜寐，則顏淵其人也。而孔子不以是詩說之，則以顏淵之孝，固有可為王佐而成天子之孝者，如《詩·下武》云也。鄭《箋》云："媚，愛也。"其釋《詩》而別媚之義者，詳《論語述疏·衛靈公篇·顏淵問為邦章》。服，古音逼。

8. 梁脩為問曰：《孝經》云："身體髮膚，受之父母，不敢毀傷，孝之始也。"司馬氏光《孝經指解》云："或曰：孔子

---

① 蘆花衣寒：據《史記·仲尼弟子列傳》，閔子騫少時為後母虐待，冬天，後母讓其穿蘆花做成的衣服，而讓親生二子穿棉絮衣。子騫寒冷不禁，父不知情，反斥之為惰，鞭笞之，見衣綻處蘆花飛出，方知真情。欲棄後母，子騫跪求曰："母在一子寒，母去三子單。"其父遂饒恕之。從此，繼母待子騫如同己出，全家和睦。

云,有殺身以成仁,然則仁者固不孝與?曰:非也。此之所言,常道也;彼之所言,遭時不得已而為之也。"今竊思之,其以彼此別之,是矣。惟《孝經》何為乎其未備也?

答曰:備矣。《經》云:"立身行道,揚名於後世,以顯父母,孝之終也。"《經》所謂道者,其備常變者乎?《詩》云:"既明且哲,以保其身。"《大雅·烝民》行道之常也。《論語》云:"有殺身以成仁。"行道之變也。故身不毀傷者,豈不曰"孝之始也"邪?斯孝非惟以是終也。曾子居武城,寇至而去;子思居衛,寇至而守。《孟子》云:"曾子、子思同道。曾子師也,父兄也;子思臣也,微也。曾子、子思,易地則皆然。"《離婁下》皆行道也。如曾子而行道之變邪,則其所謂"臨大節而不可奪也"。其死節以成君子人也,亦無異其臨終之啟手啟足而知免也。

9. 何猷問曰:《孝經》云:"立身行道。"今而應舉祿仕,其於道也,何如?

答曰:今之道,猶古之道也。《後漢書·劉平傳序》云:"廬江今安徽居巢毛義少節毛義,字少節,家貧,以孝行稱。南陽人張奉慕其名,往候之。坐定,而府檄xí,召書適至,以義守令。義奉檄而入,喜動顏色。奉者志尚士,心賤之,自恨來,固辭而去。及義母死,去官辭官行服穿孝服居喪,數辟bì,征召,舉薦公府為縣令,進退必以禮。後舉賢良,公車官署名,負責征召徵,遂不至。張奉嘆曰:'賢者固不可測,往日之喜,迺為親屈也。'斯蓋所謂家貧親老,不擇官而仕者也。"《宋史》云:"尹焞tūn,少師事程頤。嘗應舉,發策發出的策問。古代考試把試題寫在策上,令應試者作答,稱為策問,簡稱策有誅元祐北宋哲宗年號,元祐間,變法派與保守派諸臣有一場大爭鬥,史稱"元祐黨爭"諸臣議,焞曰:'噫!尚可以干祿乎哉?'不對而出,告頤曰:'焞不復應進士舉矣。'頤曰:'子有母在。'焞歸告其母陳,母曰:'吾知汝以善養,不知汝以祿養。'頤聞之曰:'賢哉,母也!'於是終身不就舉。"《道學傳二‧尹焞傳》斯二者,皆孝子之道焉,酌而行之,可矣。奉,讀上聲。檄,讀若覡,召書也。守,猶今之署也。尚,上也。《孟子》云:"尚志。"數,讀若朔。辟,必益反,徵辟也。為縣令,非守而已。迺,與乃通。迺為,讀為去聲。家貧親老,不擇官而仕,《韓詩外傳》稱曾子之言也。焞,他昆反。元祐諸臣,皆君子,若司馬光等也。

10. 蘇祖敬問曰:《孝經》云:"夫孝,始於事親,中於事君,終於立身。"唐玄宗《注》云:"言行孝以事親為始,事君為中,忠孝道著,乃能揚名榮親,故曰'終於立身'也。"此注於經義明矣,然經義猶有待發者乎?

答曰:《事君章》邢《疏》云:"孔子曰:'天下有道則見,無道則隱。'《泰伯》前章言明王之德,應感之美,天下從化,無思不服,此孝子在朝事君之時也。"由《疏》推之,《孟子》曰:"孔子進以禮,退以義。"《萬章上》蓋事君又當然矣。謹案:孝子由事親而事君之道,必以立身之道而行。孔子曰:"天下有道則見,無道則隱。"《孟子》曰:"孔子進以禮,退以義。"《萬章上》蓋孝子由事親而事君。其所以立身行道者,若斯也。《經》曰:"終於立身。"以道終也。若夫舜、禹、湯、武，其中於事君，皆終於立身。今可考之《書‧皋陶謨》、《易‧革傳》、《詩‧商頌》、《論語》、《中庸》、《孟子》諸經，而明其孝也。見，賢遍反。皋陶，讀若高遙。

天子章 答問二條

1. 陳達隆問曰：《孝經》云："子曰：'愛親者，不敢惡於人。'"唐玄宗《注》云："博愛也。"《經》云："敬親者，不敢慢於人。"《注》云："廣敬也。"邢《疏》云："博愛，廣敬，依魏《注》也。"《經》云："愛敬盡於事親，而德教加於百姓，刑于四海。"《注》云："刑，法也。君行博愛廣敬之道，使人皆不慢惡其親，則德教加被天下，當為四夷之所法則也。"其義何如？

答曰：其義是也，而《疏》申《注》者未叶焉。此必邢《疏》增損元《疏》舊文而失之也。不然，玄宗自注，而元《疏》乃詔為之。且《注》及《疏》皆再脩，《疏》與《注》違，豈不令改乎？由今考之，天子博愛者何？天子愛親，不敢惡於天下人也。天子廣敬者何？天子敬親，不敢慢於天下人也。玄宗《孝經序》云："《經》曰：'昔者明王之以孝理天下也，不敢遺小國之臣，而況於公、侯、伯、子、男乎？'朕三復斯言，景行景仰先哲，雖無德教加於百姓，庶幾廣愛形于四海。"此《序》可以明此注焉。博愛者，廣愛也。其於《孝治章》言不敢遺者，則《注》云："是廣敬也。"而《天子章》疏云："君愛親，又施德教於人，使人皆愛其親，不敢有惡其父母者，是博愛也。君敬親，又施德教於人，使人皆敬其親，不敢有慢其父母者,是廣敬也。"則未叶焉。蓋竟以下文"德教",倒添於上文"不敢"之上也。遂以為人不敢然,是烏知德教者,身教而不惟言教也,豈盡待又施乎?《大學》云:"上老老而民興孝,所謂君子不出家而成教於國也。"德教也。唐《注》云:"使人皆不慢惡其親,則德教加被天下。"二句相明,亦欲經文"言而"者,意在言中也。《孟子》云:"愛人者人恆愛之,敬人者人恆敬之。"《離婁下》今天下之人,感天子愛敬其親,而不敢慢惡於人,亦皆化之,是使人皆不慢惡其親也。使,如《論語》"能使枉者直"之使,以德教之化言。此唐《注》本意也。邢《疏》引孔《傳》者,固以為天子不敢然,特邢未觀其會通爾。《虞書》云:"兢兢業業,一日二日萬幾指帝王日常處理的紛繁政務。"故云:"慎乃在位。"蓋天子不敢之由也。《經》下文言天子者,所以言脩身慎行也。《孝經·天子章》,今因唐《注》而脩之,以宋賢司馬氏、范氏說參之,斯叶矣。幾,讀平聲。經文"刑于四海",《釋文》從鄭本,作"形于",邢《疏》本作"刑于",《御序》作"形于",參用鄭本也。《荀子·堯問篇》有"形於四海"之文,《釋詁》云:"于,於也。"《左傳》、《漢書》"于"、"於"多參用者。孝治,《御序》作"孝理",唐避諱也。《經》云:"蓋天子之孝也。"邢《疏》以為"蓋"非謙辭,是也。而引劉炫云:"夫子曾為大夫,於士何謙?"非也。聖人於人,無所不謙也。

2. 或問曰:唐《注》依魏《注》言博愛者,何也?

答曰:《三國志·蜀書》云:"費禕寬濟而博愛。"然則博愛者,以博濟廣愛言也。三國時,說有徵矣,則魏《注》可明也。褘，讀若依。

諸侯章 答問二條

1. 李禮興問曰：《孝經·諸侯章》唐玄宗《注》云："無禮為驕，奢泰為溢。"司馬《注》云："高而危者以驕也，滿而溢者以奢也。"范《注》云："貴而不驕，富而不奢。"皆以驕與奢分言矣。而邢《疏》引皇侃說，謂其云在上不驕以戒貴，應云不奢以戒富。今不例者，互文也。其說何也？

答曰：此當從互文，然後經文可叶焉。《論語》云："富而無驕。"定十三年《左傳》云："富而不驕者鮮。"今《經》曰："制節謹度。"即不驕也。奢生於驕，此以不驕統不奢也，故《紀孝行章》云："事親者居上不驕，居上而驕則亡。"亦不別言不奢而致戒矣。鮮，讀上聲。

2. 沈維松問曰：《孝經·諸侯章》，諸家說以實徵者希矣，今願聞古諸侯之如《孝經》者。

答曰：前漢 西漢 河間獻王，後漢 東漢 東平憲王，其著也。《前漢書》云："河間獻王德，脩學好古，實事求是，從民得善書，必為好寫與之，留其真，加金帛賜以招之。繇是四方道術之人，不遠千里，或有先祖舊書，多奉以奏獻王者。所得書，皆古文先秦舊書。其學舉六藝，立《毛氏詩》、《左氏春秋》博士。脩禮樂，被服儒術，造次 匆忙，倉促必於儒者。贊曰：昔魯哀公有言：'寡人生於深宮之中，長於婦人之手，未嘗知憂，未嘗知懼。'信哉，斯言也！雖欲不危亡，不可得已。是故古人以宴安耽于逸樂為鴆 zhèn 毒毒藥，毒酒，亡德而富貴，謂之不幸。漢興，至于孝平，諸侯王以百數，率多驕淫失道。何則？沉溺放恣之中，居勢使然也。自凡人猶繫于習俗，而況哀公之倫乎！夫唯大雅，卓爾不群，河間獻王近之矣。"《河間獻王傳》《後漢書》云："東平憲王蒼，少好經書，雅有智思。為人美須髯，要帶十圍，顯宗甚愛重之。及即位，拜為驃騎將軍，位在三公上。帝每巡狩，蒼嘗留鎮，侍衛皇太后。在朝數載，多所隆益建樹。而自以至親輔政，聲望日重，意不自安，上疏歸職，乞退就蕃國。帝優詔褒美嘉獎的詔書不聽。其後數陳乞，辭甚懇切。永平五年公元62年，乃許還國。十一年68年，蒼與諸王朝京師。月餘，還國，帝乃遣使，手詔國中傅曰：'日者古時以占候卜筮為業的人問東平王，處家何等最樂，王言為善最樂。其言甚大，副符合是要腹即"腰腹"矣。'論曰：孔子稱：'富而無驕，未若富而好禮。'東平憲王，可謂好禮者也。若其辭至戚，去母后，豈欲苟立名行而忘親遺義哉！蓋位疑則隙生，累近則喪大，斯蓋名哲之所為歎息。嗚呼！遠隙以全忠，釋累以成孝，夫豈憲王之志哉！"《東平憲王蒼傳》蓺，與藝通。造，七到反。長，丁丈反。鴆，《左傳》亦作"酖"，直蔭反。以百數，讀數上聲。須，與鬚通。要，與腰通。驃，讀票，去聲。蕃，與藩通。數陳乞，讀數若朔。累，讀去聲。累於近而不還國也，故志非去母，而義當釋累，《注》皆失之。喪、遠，皆讀去聲。漢平帝世，始立《毛氏詩》、《左氏春秋》，而獻王先於河間自立博士，其特識也。

卿大夫章 答問三條

1. 伍蘭清問曰:《孝經·卿大夫章》云:"三者備矣。"唐玄宗《注》云:"三者,服、言、行也。"邢《疏》云:"此謂法服、法言、德行也。"司馬《注》云:"三者,謂出於身、接於人、及於天下。"今自上文考之,《經》曰:"是故非法不言,非道不行。"司馬《注》云:"謂出於身者也。"《經》曰:"口無擇言,身無擇行。"《注》云:"謂接於人者也。"《經》曰:"言滿天下無口過,行滿天下無怨惡。"《注》云:"謂及於天下者也。"此釋三者不同,而范《注》無說焉,未知宜何從者。

答曰:此當從唐《注》,無可易矣。《經》自"是故"而下,申明言行之義,以法服易明,則不須申之爾。《孟子》云:"服堯之服,誦堯之言,行堯之行。"亦舉此三者,其序皆同。《易·繫辭傳》云:"君子居其室,出其言善,則千里之外應之,況其邇者乎?居其室,出其言不善,則千里之外違之,況其邇者乎?言出乎身,加乎民;行發乎邇,見乎遠。言行君子之樞機 比喻事物的關鍵部分,樞機之發,榮辱之主也。言行,君子之所以動天地也,可不慎乎?"由是推之,言行皆發而即見焉,安可分之為三者邪?如司馬說,則法服竟不備邪?樞,昌朱反。

2. 或問曰:《孝經》,中國之教,何也?

答曰:《經》云:"非先王之法服不敢服,非先王之法言不敢道,非先王之德行不敢行。""非先王"者,非中國所以教孝也。夫中國而遵先王教孝焉，雖一衣也，不忘中國。彼其言其行，有不惟中國是尊者哉？

3. 或問曰：先王之法言，何也？

答曰：《六經》之言也。《後漢書・儒林傳論》云："自光武東漢光武帝劉秀中年以後，干戈稍戢 jí，收藏兵器，專事經學，自是其風世篤焉。其服儒衣、稱先王者，蓋布傳播、流布之於邦域矣。桓、靈桓帝、靈帝之間，君道秕僻比喻政事和教化不善，朝綱日陵衰敗，衰落，國隙仇怨，裂痕屢啟。自中智中等才智以下，靡不審其崩離，而權彊指倚仗權勢逞強作惡的人之臣，息其闚 kuī 盜伺機竊取之謀；豪俊之夫，屈於鄙生鄉野儒生之議者，人誦先王言也，下畏逆順埶也。"秕，必履反。闚，與窺通。埶，與勢通。

士章答問壹條

1. 馮春林問曰：《孝經》云："資於事父以事母而愛同，資於事父以事君而敬同。"唐玄宗《注》云："資，取也，言愛父與母同，敬父與君同。"邢《疏》云："謂事母之愛，事君之敬，並同於父也。"而又云："愛父與愛母同，敬父與敬君同。"蓋《疏》就《注》文也。《經》云："故母取其愛，而君取其敬，兼之者，父也。"《注》云："言事父兼愛與敬也。"《經》云："故以孝事君則忠。"《注》云："移事父孝以事於君，則為忠矣。"《經》云："以敬事長則順。"《注》云："移事兄敬以事於長，則為順矣。"唐《注》言"移事"者，邢《疏》云："此依鄭

《注》也。"今讀《注》而尚疑焉,唐《注》外,其有他說歟?

答曰:雖有之,惟非其義、其文皆叶者也。《禮‧喪服四制》云:"資於事父以事君而敬同,貴貴,尊尊,義之大者也。故為君亦斬衰三年,以義制者也。資於事父以事母而愛同,天無二日,士無二王,國無二君,家無二尊,以一治之也。故父在為母齊衰期者,見無二尊也。"《大戴禮‧本命篇》略同。如禮說,則唐《注》當曰:"愛母與父同,敬君與父同。"今唐《注》立文,則強勉強也。《經》下文云:"君子之事親孝,故忠可移於君;事兄悌,故順可移於長。"若此《經》方言事親,未言事兄,則唐《注》遽言事兄敬者,不其突乎?若其他說,如司馬氏云:"取於事父之道以事母,其愛則等矣,而敬有殺焉。以父主義、母主恩故也。取於事父之道以事君,其敬則等矣,而愛有殺焉。以君臣之際,義勝恩故也。"其於母言敬殺,於君言愛殺,猶非立言之體邪。司馬原文,敬作恭,宋避諱也。范氏云:"事母之道,取於事父之愛心也;事君之道,取於事父之敬心也。其在母也,愛同於父,非不敬母也,愛勝敬也;其在君也,敬同於父,非不愛君也,敬勝於愛也。"其於母,言愛勝而非不敬母;於君,言敬勝而非不愛君,將難為言而不自安邪。公孫丑尊孟子而貴孔門善言德行者,有由也。

《禮‧表記》稱:"《詩》云:'凱弟和樂貌君子,民之父母。'凱以強教之,弟以說安之,使民有父之尊,有母之親。如此,而后可以為民父母矣。非至德,其孰能如此乎?今父之親子也,親賢而下無能;母之親子也,賢則親之,無能則憐之。母,親而不尊;父,尊而不親。"蓋言其偏者,以著君子之無偏也。此對君子為民之父母者言之，非對孝子而言父不親、母不尊也。《詩序》云："《四牡》，勞使臣之來也。"其詩曰："不遑將父。"又曰："不遑將母。"終曰："將母來諗。"蓋再言"將母"也。毛《傳》云："將，養也。父兼尊親之道，母至親而尊不至。"鄭《箋》云："諗，告也，來告於君也。"《詩》孔《疏》引《孝經》此文言之曰："敬為尊，愛為親，是父兼尊親之道，母以尊少則恩意偏多，故再言之。"此說《詩》者，以孝子之私恩言之，亦非對孝子而言於母恭少也。

今《孝經疏》何以對孝子而言乎？邢《疏》引劉炫云："母親至而尊不至，君尊至而親不至。"又云："夫親至則敬不極，此情親而恭少；尊至則愛不極，此心敬而恩殺也。故敬極於君，愛極於母。"此司馬說及范說所由也。由今考之，尊親，自父母之尊親而言；愛敬，自孝子之愛敬而言。《經》上文云："愛敬盡於事親。"統父母而言也。而自《天子章》言之，愛敬德教，天下之人皆然矣。由是《經》下文云："故親生之膝下，以養父母日嚴，聖人因嚴以教敬，因親以教愛。"皆並因於天性也。《孟子》云："孩提之童，無不知愛其親也。及其長也，無不知敬其兄也。"言敬其兄，則敬其親可知也。此其義通《孝經》焉。《孝經》云："孝子之事親也，居則致其敬。"非敬父母歟？以《論語》推之，子夏問孝，孔子告之曰："色難指給父母好的臉色很難。"蓋難乎愉色由深愛矣，教愛也。子游問孝，孔子以犬馬能事人者明之，則曰："不敬何以別乎？"教敬也。皆統父母而言也。《孟子·公孫丑篇》云："君臣主敬。"然於君何以敬之哉？愛君故也。《孝經·事君章》稱《詩》云："心乎愛矣。"雖極之匡救其惡而皆然也。非愛殺也，不得以敬勝愛言也。

今辯舊注而脩之曰：謹案：資，取也。愛敬天性，取於事父者以事母，則母主於愛，敬行愛中，而愛母與愛父同；取於事父者以事君，則君主於敬，愛行敬中，而敬君與敬父同。故事母取其事父之愛，而事君取其事父之敬。蓋兼愛敬而事之者父也，故敬中有愛。事父孝該事母孝，今以孝事君則必忠焉；事父敬該事兄敬，今以敬事長則必順焉。長，謂官在其上者也，蓋此經之注當有辯矣。齊，讀若咨。衰，七雷反。期，周年也，讀若基。則強，讀強上聲。殺，減也，讀去聲。孩，讀亥，平聲。以說安之，讀說若悅。后，古通後。勞及使臣之使，皆讀去聲。諗，讀若審。養，讀去聲。

庶人章 答問五條

1. 黃德鄰問曰：《孝經·庶人章》云："用天之道，分地之利。"唐《御注》云："春生、夏長、秋斂、冬藏，舉事順時，此用天道也。"又云："分別五土，視其高下，各盡所宜，此分地利也。"司馬氏《注》云："高宜黍稷，下宜稻麥。"今以邢《疏》考之，唐《御注》、司馬《注》皆依鄭《注》也。然唐《注》於鄭《注》"黍稷"云者而不出之，何也？

答曰：唐《注》欲不專以農民言，故不出，鄭特言農事者焉。唐《注》因鄭《注》而脩之，非徒依之而已。鄭特言農事，舉重者也。司馬《注》依之，重農之意也。《書·酒誥》云："我民迪小子，惟土物愛，厥心臧。"其義也。《鴻範》云：

"土爰稼穡。"謂農也。《釋詁》云:"迪,道也。臧,善也。"道,與導通。《釋言》云:"厥,其也。"蓋我民教導小子,惟稼穡土物之愛,則其心善矣。惟《孝經》言庶人,非獨農也,當統乎四民士、農、工、商矣,唐《注》微有酌焉。邢《疏》惟專以農民言,未申《注》之義也。此邢與元《疏》有所損而刪之歟,抑元《疏》在當時雖再脩而仍未備也。四民之士,謂未仕焉,與《經》上文言士之孝所稱士者不同。《漢書·藝文志》云:"古之學者耕且養,三年而通一藝。"蓋士之出於農也。故《詩·甫田》云:"烝我髦士。"毛《傳》云:"烝,進。髦,俊也。治田得穀,俊士以進。"是也。蓋士為民之秀者,猶髦為毛之秀也。《齊語》言四民之事者,與《管子》略同。《管子》以"士農工商"為序,《國語》之序,則"士工商農"。斯《管子》之序是也,而《國語》則脩其文而異爾。《國語》言農者云:"察其四時,以旦暮從事,脫衣就功成就功業,霑體塗足身體被沾濕,腳上沾滿泥土。形容耕作勞苦,暴其髮膚,以從事於田野。少而習焉,其心安焉,不見異物而遷焉,是故農之子恆為農,野處而不曠。其秀民之能為士者,必足賴也。"《國語·齊語》此庶人之士該於農矣。其庶人之士,或出於工商者,亦可推也。《國語》言工者云:"審其四時,旦暮從事,施於四方。"言商者云:"察其四時,服駕,乘牛軺 yáo 馬,以周四方,以其所有易交換其所無,市買賤鬻 yù,賣貴,旦暮從事於此,相陳以知賈同"價",價錢。"蓋其言四時者,用天道也。於農商言察,於工言審,此互文也。故《管子》於農工商審,於商言察。《說文》云:"審,悉也。察,覆審也。"今其於天時,必審之而察之也。其言"田野"、言"四方"者,自"五土"言也，分地利也。《考工記》云："天有時，地有氣，材有美，工有巧，合此四者，然後可以為良。"材美工巧，然而不良，則不時、不得地氣也。此可知得地氣者，地利也。《周官·職方氏》云："揚州，其利金錫竹箭；幽州，其利魚鹽。"若此類者，商四方地利可推也。《職方氏》云："青州，其穀宜稻麥；雍州，其穀宜黍稷。"邢《疏》引此類以言農矣，而於商未及焉。《酒誥》云："妹土，嗣爾股肱，純其藝黍稷，奔走事厥考厥長，肇牽車牛，遠服賈，用孝養厥父母。厥父母慶，自洗腆致用酒。"洗，讀先，上聲。嗣，續也。《釋詁》，嗣，續，義同。《孝經》云："父母生之，續莫大焉。"今嗣世力農，蓋續之一大端也。《釋詁》云："純，大也。"《晉語注》云："純，專也。"今言以農事為大而專之也。藝，猶樹也，《孟子》云："樹藝五穀。"今言黍稷者，妹土所宜也。《周官·職方氏》云："冀州，其穀宜黍稷。"妹土，即《詩》之沬鄉，冀州地也，今河南行省衛輝府淇縣沬鄉也。蓋冀州所宜，與雍州之穀同。《釋言》云："肇，敏也。"言敏力也。《釋詁》云："服，事也。"《禮》家說："行曰商，止曰賈。"今言遠服賈者，蓋孝子之心，雖遠行而若止，《白虎通》謂欲留供養之也。以孝養其父母者，必奔走事其考其長，此互文也。《曲禮》云："生曰父曰母，死曰考曰妣。"通言之則亦同也。《釋親》云："父為考，母為妣。"《周易說》："慶，喜也。自者，謂孝思之自致也。"《漢書·律曆志》云："洗，絜也。"絜與潔通。《方言》云："腆，厚也。"《蔡傳》云："洗以致其絜，腆以致其厚也。"《尚書說》云："遠服賈者，賈而商也。"《酒誥》不言工者，工與商賈相資，從可知也。

夏長之長，丁丈反。下"厥長"同。迪，讀若翟。且養，讀養去聲。暴，蒲木反，曬也。少，讀去聲。處，讀上聲。廞，讀若匿，《管子》作慝，謂近惡也。服牛者，《詩》所謂"牽牛服箱"也。軺，讀若韶，馬車也。知賈，讀賈若價。雍，讀去聲。服賈，讀賈若古。腆，他典反。邢《疏》引《釋天》云："春為發生，夏為長毓，秋為收斂，冬為安寧。"是未得"冬藏"成文也。今考《周書·周月篇》云："萬物春生、夏長、秋收、冬藏。"斯當補《疏》焉。毓，古育字，殆邢《疏》因元《疏》之引古《爾雅》本歟。今本毓作贏，弗如也。《周官·大司徒》："以土會之法，辯五地之物生，一曰山林，二曰川澤，三曰丘陵，四曰墳衍，五曰原隰。"邢《疏》引此，以五土約《大司徒》文，而以為經本文也，誤矣。且皆略其說焉，非初學之備也。《周官說》云："水崖曰墳，下平曰衍，高平曰原，下溼曰隰。"此《疏》不當略也。會，讀若繪。

2. 馮春林問曰：《孟子》云："世俗所謂不孝者五：惰其四支，不顧父母之養，一不孝也；博弈好飲酒，不顧父母之養，二不孝也；好貨財，私妻子，不顧父母之養，三不孝也；從耳目之欲，以為父母戮，四不孝也；好勇鬥很，以危父母，五不孝也。"《孝經》云："謹身節用，以養父母。"其無五不孝者乎？蒙自稱謙詞，猶愚謂《孝經疏》宜引之。

答曰：引之，宜也。唐《御注》云："身恭謹則遠恥辱。"邢《疏》云："《論語》曰：'恭近於禮，遠恥辱也。'"今考司馬說云："謹身則無過，不近兵刑。"此即可疏唐《注》焉。蓋恥辱之大者，《魯語》所謂"大刑用甲兵"矣。《經》云："在醜而爭則兵。"是好勇鬥很也。庶人而兵,能無治以兵乎?博弈犯刑,當自孟子時始。據《論語》,則孔子時聊用心者有然。其在後世,如博弈類干不孝者,眾矣。宋太宗詔犯捕 pú 博捗蒱。古代一種博戲,後亦泛指賭博者斬,重刑也。近代輕刑亦杖一百,治不孝也,敢縱之乎?《周書・酒誥》"好飲酒",亦刑也,刑則恥辱矣。"以為父母戮",謂戮辱也。"惰其四支",《周官》所謂罷民指不從教化、不事勞作之民也。《大司寇》"以圜土夏、商、周稱監獄為圜土聚教罷民",蓋聚之圜土獄中,而教之以勤工也,亦刑也。好、養、從,皆讀去聲。很,胡懇反。遠,讀去聲。蒱,讀若蒲。罷,與疲通。圜,古圓字。

3. 蘇祖敬問曰:《孝經・庶人章》結語云:"此庶人之孝也。"唐《御注》云:"庶人為孝,唯此而已。"邢《疏》云:"此依魏《注》也。"案天子、諸侯、卿大夫、士皆言"蓋",而庶人獨言"此",注釋言"此"之意也。謂天子至士,孝行廣大,其章略述宏綱,所以言"蓋"也。庶人孝行曰"此",言唯此而已。庶人不引《詩》者,義盡於此,無贅詞也。司馬《注》云:"明自士以上,非直養而已,要當立身揚名,保其家國。"今以舊說思之,恐不皆然也。孔門七十二子,其未仕者,亦庶人也,非庶人而立身揚名者乎?

答曰:善哉,斯問也!知大義矣。舊說大義之失,以不知文法爾。庶人之孝,豈盡於此歟?經文言"蓋"、言"此",則互文也,有省文之故焉。此蓋天子之孝也,蓋此庶人之孝也。其義則然,其文則未省矣,則不宜其讀矣。互文以省文而宜其讀,經之善於文也,況有互通之實理乎?則大義乃見於文法中矣。

夫《經》上文言士之孝者，上士、中士、下士也，皆既仕也。若士之在四民列者，方為農而未仕也，庶人也。其當有道時，《史記》錄《鴻範》所謂"畯民用章"者；其當無道時，《鴻範》所謂"畯民用微"者。畯民，田間之俊民也。《儀禮說》："章，明也。"畯民用以章明，若《詩·甫田》歌"烝我髦士"也。畯，今《尚書》本作俊。《釋詁》云："隱，微也。"則微亦隱也。畯民用以微隱，若顏子居陋巷而食貧於負郭田也。《士相見禮》云："庶人，則曰刺草之臣。"《孟子》云："在國曰市井之臣，在野曰草莽之臣。"皆謂庶人，是士之在四民列也。《管子》言四民者，稱野處之秀民，言其方為農而未仕也。《經》首章云："身體髮膚，受之父母，不敢毀傷，孝之始也。立身行道，揚名於後世，以顯父母，孝之終也。"今《庶人章》即總結之云："故自天子至於庶人，孝無終始，而患不及者，未之有也。"孰謂立身揚名者不統庶人邪？《庶人章》不引《詩》者，以其連總結之文，不得以《詩》斷之爾。《經》首章既言"孝之始也"，"孝之終也"，而又云："夫孝始於事親，中於事君，終於立身。"明乎天下有道則見，無道則隱。事君之道，決於立身之道也，則士有終身野處而為庶人者矣，於此見《經》之以大義成文法焉。

謹案：蓋者，大略之辭也；此者，所指之辭。或言蓋，或言此，皆互文而省文爾。猶曰蓋此天子之孝也，諸侯、卿大夫、士皆然；亦猶曰此蓋庶人之孝也，是以《經》總言五孝而皆無異辭矣。其分言五孝，尊卑之分雖有異，而孝之理則無異而可互通也。《經》所由互文也，今於舊說當辯焉。

《孝經序》邢《疏》言王肅、劉劭者，皆魏時人也。今《疏》稱"魏注"者，其謂王、劉二家歟？猶今人稱漢時人注為"漢注"也。或妄稱隋"魏某"注者，非也。刺，七亦反。莽，莫朗反。尊卑之分，讀分去聲。

4. 伍蘭清問曰：今文《孝經》，其總言五孝者曰："故自天子至於庶人，孝無終始，而患不及者，未之有也。"今弗明焉。昔粵中官刊《孝經注解》一卷，即《四庫提要》所稱"合編"者，其言此經云："唐玄宗曰：'始自天子，終於庶人，尊卑雖殊，孝道同致，而患不能及者，未之有也。言無此理，故曰未有。'司馬氏光曰：'始則事親也，終則立身行道也。患，謂禍敗，言雖有其始而無其終，猶不得免於禍敗，而羞及其親，未足以為孝也。'范氏祖禹曰：'始於事親，終於立身者，孝之終始，自天子至於庶人，孝不能有終有始，而禍患不及者，未之有也。'"邢《疏》稱鄭說以患為禍，司馬及范《注》酌焉。今以參唐《注》，三者之義何如？

答曰：凡釋經者，必求經之本義焉。其義，叶於經本文及上下文者，則本義也。不然，謂是自為其義，可矣；謂是經之本義，不可也。今三者皆未悉叶焉。唐《御注》釋"終始"者非也，而釋其餘則叶經本文矣。司馬說，即《孝經指解》說也，內府藏本合范說編之。其二說釋"終始"者，酌於經上下文矣，而猶待再酌也。《經》曰："夫孝，始於事親，中於事君，終於立身。"今其說承此終始而言，則天子非若舜嘗臣堯、禹嘗臣舜者，豈中於事君乎？《經》曰："身體髮膚，受之父母，不敢毀傷，孝之始也。立身行道，揚名於後世，以顯父母,孝之終也。"蓋總言五孝者,當承此終始而言。上文言五孝所未盡者,皆於此終始該之矣。故自天子至於庶人,皆宜勉也。如孔門七十子之未仕者,固庶人也。若夫孝無終始者,如司馬說,則《經》當曰有孝始,無孝終,不當曰孝無終始。如范說,則不孝者不得以孝屬其人而言,《經》當曰無孝終始,不當曰孝無終始。蓋《經》之為文,辭達而已矣,安得有其義而無其文乎?夫司馬說,自唐玄宗開元、天寶間事觀之,其義豈不然?惟經之本義,非於終始偏言也,天下豈不有無終無始者歟?范氏說固有見於斯而為之矣,皆自為其義也。或曰,不言禍患,將何以戒邪?《經》曰:"居上而驕則亡,天子有爭臣七人,雖無道不失其天下。"此其戒也。《經》曰:"五刑之屬三千,而罪莫大於不孝。"其戒之深矣。今當辯舊說而脩之也。

謹案:此總言五孝,則以終始該上文五者所未盡焉,無如《論語》"無小大"之無,謂無論也。《經》首章以身不毀傷為孝之始,以立身行道為孝之終,今不曰"始終"而曰"終始"者,明乎成終以成始也。惟終而立身行道,則始而身不毀傷乃有成也。今推其故而言之,自天子至於庶人,其孝無論為終為始,而患力不及者,皆未之有也。《經》下文言孝由天性者,申此意焉。此經之注,當求其本義矣。《禮·祭義》之言孝曰:"仁者,仁此者也。"《論語》曰:"孝弟也者,其為仁之本與!"而曰:"有能一日用其力於仁矣乎?我未見力不足者。"今《孝經》義同。與,讀平聲。《易·乾·象傳》云:"大明終始。"《說卦》云:"成言乎艮。"遂云:"萬物之所成終而所成始也。"《中庸》云:"誠者,自成也。"故云:"誠者,物之終始。"皆不曰"始終"而曰"終始"者也。今此經亦其例也。如其終,非立身行道而成終,是辱其身而辱其親也。則其始身不毀傷者,亦無以成始矣,徒見其身不毀傷而已也。成終以成始者,其終即極之殺身成仁,是不辱其身,而不辱其親也。非惟其始身不毀傷也,此孝所為終始也。或曰:邢《疏》云:"《禮記說》,孝道廣大,塞乎天地,橫乎四海。《經》言孝無終始,謂難備終始,但不致毀傷。立身行道,一事可稱,則行成名立,不必終始皆備也。"此必非元《疏》所有而邢增之者,以其言終始,則承《經》首章,與唐《御注》實不同,非當時元《疏》所敢為也。邢守疏家不斥注非之例,故巽 xùn,順而入之爾。邢為《論語疏》,亦微有然也。惟邢說釋無終始之無者,猶未叶焉。《禮記說》者,用《祭義》曾子說也。今《疏》本脫"禮記"字,此從校本添。邢《疏》有稱鄭曰者,謂申鄭者云爾。

5. 張子沂問曰:《天子章》邢《疏》引《梁王答問》云:"五等之孝,互相通也。"今邢《疏》於《庶人章》釋此庶人之孝也,則云:"言此者義盡於此。"其矛盾乎?

答曰:邢《疏》於舊疏時有增損,故有此矛盾也。疑引《梁王答問》者,是邢所增也。如元行沖舊疏歟,敢違《御注》乎? 行,讀去聲。

三才章 答問六條

1. 黃德鄰問曰:《孝經》云:"夫孝,天之經也,地之義也,民之行也。天地之經,而民是則之。則天之明,因地之利,以順天下,是以其教不肅而成,其政不嚴而治。"唐玄宗《注》云:"經,常也。利物為義。孝為百行之首,人之常德,若三辰運天而有常,五土分地而為義也。"其注下文,皆承此言之。邢《疏》云:"《易·文言》曰:'利物足以和義。'是利物為義也。然有疑者,天經地義,以實理言也。"如《注》說,是若天三辰、地五土云然,蓋非經本意也。

答曰:《經》下文云:"則天之明,因地之利。"唐《注》逆取下文而言之。然《經》固不曰:"夫孝,天之明也,地之利也。"蓋天明由天經中表而言之者,地利由地義中表而言之者,是合而分也。唐《注》淆之,則未發乎天地人三才相通之實理也。范氏云:"《易》曰:'大哉乾元,萬物資始。'資始,則父道也。又曰:'至哉坤元,萬物資生。'資生,則母道也。天施之,萬物莫不本於天,故孝者天之經;地生之,萬物莫不親於地,故孝者地之義。民生於天地之間,為萬物之靈,故能則天地之經以為行。"此范說以實理言也。《易·益·象傳》云:"天施地生。"《禮·郊特牲》云:"萬物本乎天。"又云:"地載萬物。"故云:"是以尊天而親地也。"范說據焉。今考《易·乾·文言》云:"本乎天者親上,本乎地者親下。"蓋與《禮說》各有當也。惟范既用《易》文,又以《禮》文參之,於文未洽也。《易·說卦》云:"乾,天也,故稱乎父;坤,地也,故稱乎母。"范用《易》文,而於此文不用之,亦於文未洽也,而其實理則得之矣。《孝經》此文,與昭二十五年《左傳》子大叔述子產言禮者略同。

《禮·祭義》之言孝曰:"禮者,履此者也。"故孔子述言禮者而言孝,斯一以貫之矣。朱子疑之,其未審歟。《左傳》云:"夫禮,天之經也,地之義也,民之行也。天地之經,而民實則之,則天之明,因地之性。"蓋實,古通寔,是與寔亦古通。《禮說》:"性,生也。斯地之土性所生,即地之利也。"而《左傳》遂云:"為君臣上下,以則地義;為夫婦外內,以經二物;為父子、兄弟、姑姊、甥舅、昏媾、姻婭,以象天明。"其曰"以經二物",言乎則天地之經也,《詩·烝民》所謂"有物有則"也。《易·序卦》云:"有夫婦然後有父子,有父子然後有君臣,有君臣然後有上下,有上下然後禮義有所錯通"措",安置。"夫婦之道,不可以不久也,故受之以恆。恆者,久也,蓋以恆猶以常,所謂經也。《易·象傳》云:"家人,女正位乎內,男正位乎外。男女正,天地之大義也。"若夫《易·坤·文言》云:"地道也,臣道也。"此《易》與子產說同。《中庸》非言五達道所指為"君臣也,父子也,夫婦也,昆弟也,朋友之交也"而先君臣者歟?而《中庸》特云:"君子之道,造端乎夫婦。及其至也,察乎天地。"夫《中庸》,《禮經》之言也。《禮·內則》云:"禮始於謹夫婦。"蓋其義同。天地之經,《禮》自夫婦言之,其在《孝經》,當自父母言之,審矣。《經》云:"昔者明王事父孝,故事天明;事母孝,故事地察。"邢《疏》稱《易·說卦》云:"乾為天,為父;坤為地,為母。"於經叶焉,蓋經之本義可互推也。《釋言》云:"典,經也。"《釋詁》云:"典,常也。"則經者,常也。哀六年《左傳》稱《夏書》曰:"帥彼天常。"此其例也。《中庸》云:"義者,宜也。"《禮器》云:"地理有宜也。"《易·繫辭傳》言"觀法於地"者,則遂申曰"地之宜",亦其例也。五土,邢《疏》及焉。《左傳》

杜《注》云："日月星辰，天之明也。"今考桓二年《左傳》云："三辰旂旗，昭其明也。"三辰者，日、月、星也。《詩·小弁》毛《傳》云："辰，時也。"三辰，皆以紀時也。《書·堯典》云："日月星辰。"此辰，謂十二次也。而以星知辰，故《皋陶謨》言服章者統星辰為一章，則三辰亦可稱日月星辰也。邢《疏》言三辰者，略焉。

此經之注，今當辯舊說而脩之也。謹案：經，常也。《易》曰："乾，天也，故稱乎父。"蓋事父孝者，天之常也。義，宜也。《易》曰："坤，地也，故稱乎母。"蓋事母孝者，地之宜也。斯孝者，民常宜之行也。鄭氏曰："孝為百行之本。"是也。民，人也，《易》稱天地人為三才，以人參天地也。則，法也。《易》曰："承天而時行。"謂地承焉。蓋地之義，皆天之經也。故統言曰"天地之經"，而民以人參天地。其孝行，資於事父以事母者，是由天地之經而統法之也。范氏曰："民生於天地之間，為萬物之靈，故能則天地之經以為行。"是也。天之明，謂三辰也。三辰之明，時令晨昏，順天經之常而列職。地之利，謂五土也。五土之利，物生動植，順地義之宜而供用。則與因，互文也。今則之以為因者，天下民行，凡事父母，由天經為列職之明，由地義為供用之利，皆順父母而盡孝以順天下焉。蓋孝以順之，而天下無不順矣。是以其教之順者，不肅以速進之而教自成；其政之順者，不嚴以厲威之而政自治。唐玄宗曰："法天明以為常，因地利以行義，順此以施也。"蓋經上下文之注，當相承而遞推矣。鄭氏說，其《論語注》也，見邢《疏》。則，法，《釋詁》文。言承天者，《易·坤·文言》也。《說卦》

稱立天地人之道者，則參而列之曰三才，蓋民生於天地之間也。《禮·月令》言日月星辰者，詳矣。斯各於其時，天事皆列職也，昭十七年《左傳》所以稱"天事恆象"也。《月令》言昏旦之中者，旦謂晨也。《曲禮》云："凡為人子之禮，冬溫而夏清，昏定而晨省。"蓋非則天之明者不能也。《周官·大司徒》以土會之法，辯五地之物生。蓋所辯者，皆言地之宜也。如始曰"其動物宜毛物"，終曰"其植物宜叢物"，今可考也，詳《論語述疏·堯曰篇·從政章》。

《孝經說》云："古之正德者，必利用焉。"物生而供利用，猶人子生而供利用也。《禮·內則》云："子事父母，左右佩用。"又云："問所欲而敬進之。"言利用也。《孟子》云："穀與魚鼈不可勝食，材木不可勝用，是使民養生喪死無憾也。"《梁惠王上》蓋非因地之利者不能也。《易·晉·象傳》云："順而麗乎大明。"《豫·象傳》云："天地以順動，故日月不過而四時不忒；聖人以順動，則刑罰清而民服。"此則天之明以順者也，今《經》自孝言之矣。《易·象傳》云："地勢，坤。"《說卦》云："坤，順也。"故物生在地者，皆順乎地勢以生矣。《禮運》合天子、諸侯、大夫、士、百姓而言天下之肥也，則云："是謂大順。"遂云："故聖王所以順，山者不使居川，不使渚者居中原，而弗敝也。"此因地之利以順者也，今《經》自孝言之矣。以順天下，說詳《開宗明義章》。

《經》云："則天之明，因地之利。"此則之以為因者，互文也。亦曰："因天之明，則地之利。"故曰"天地之經，而民是則之"，蓋有則必有因矣。或曰，《郊特牲》云："取材於地，取法於天。"今故於地不言法而言因也。今考《易·繫辭傳》云：「易與天地準。」又云：「崇效天，卑法地。」《禮器》云：「因天事天，因地事地。」皆考上下文而各有當也。今《孝經》以省文而互見焉。或曰，《左傳》云：「因地之性。」言土性也。其下文云：「哀樂不失，乃能協于天地之性。」《昭公二十五年》言性理也，然讀者易淆矣。今《孝經》記孔子述言禮者而言孝，變而通之，則云「因地之利」。其下文云：「天地之性，人為貴。」豈或淆乎？蓋猶《易·文言》述穆姜言四德者，而不純采之也。「因地之利」，朱子《刊誤》本「利」作「義」，與司馬古文本同。此因劉炫妄改而未察也，妄改而偽異文，徒參差爾。

行，讀去聲。下時行，讀如字。子大叔，讀大若太。昏，與婚通。媾，古豆反。杜《注》云：「妻父曰昏，重昏曰媾，壻父曰姻，兩壻相謂曰婭。」重，讀平聲。杜《注》釋「天之經」者，訓經為常，而釋「以經二物」者，不承「則天地之經」而言，失其要矣，孔《疏》遂因而誤焉。《書·酒誥》云：「經德秉哲。」經德者，常其德也。《書·盤庚》云：「以常舊服。」蓋其文法同。服，事也。《周官·大宰》云：「以經邦國。」彼連以「紀萬民」為文，此非其例也。大宰，猶太宰。《中庸》云：「其為物不貳。」彼謂天地為物，則人物事物可明也。錯，與措通。《釋詁》云：「恆，常也。」帥，與率通。弁，讀若盤。清，猶涼也，讀若靜。省，悉井反。會，計也，讀若繪。勝，讀平聲。忒，他得反，差也。

或曰，董子《春秋繁露》有對河間獻王《孝經》問者，其言孝者天之經也，則以天之四時五行相生者釋焉，謂父所生所為，其子皆承之。其言孝者地之義也，則以地事天勤勞為至義。又以地，土也，謂土於四時不名，忠臣之義，孝子之行，取之土也。由今考之，如其說，是曰：夫孝，天之時也，地之土也，豈叶乎？《易·坤·文言》云："地道也，妻道也，臣道也，地道无成而代有終也。"董子言地事天者，說略同。而以說《孝經》，非經本意也。其《易傳》所稱不可為典要者歟？《說卦》云："坤為地，為母。"此母道也，此為《孝經》地之義也。《經》所以言事母孝，故事地察也。

2. 尤潤慶問曰：《孝經》云："則天之明，因地之利，以順天下，是以其教不肅而成，其政不嚴而治。"唐玄宗《注》云："順此以施政教，則不待嚴肅而成理也。"今竊思之，唐諱治曰理，蓋成治也，如經文矣。而"嚴肅"乃倒經文，且若"嚴"、"肅"義同者，則《經》何以對而變文乎？司馬氏《注》亦"嚴肅"云也。論者曰："玄宗，帝王之學；司馬氏，宰相之才。凡讀書通大義者，非區區訓詁為也。"其然歟？

答曰：然矣，而不皆然也。孔子釋《易》，訓詁詳焉。周公非以宰相作《釋詁》一篇歟？《釋詁》云："肅，進也。"又云："肅，疾也。"又云："肅，速也。"《齊語》云："其父兄之教，不肅而成。"韋《注》云："肅，疾也。"今考《釋詁》云："速，疾也。"則疾亦速也。今謂其教之順者，不肅以速進之而教自成也。《偽古文尚書·大甲篇》《偽孔傳》云："肅，嚴也。"《禮·祭義》孔《疏》云："嚴謂嚴肅。"今以言此經，未洽也。《曲禮》云："主人肅客而入。"《詩·桑柔》云："民有肅心。"鄭《禮注》、《詩箋》皆云："肅，進也。"《國語》韋《注》，當可參焉。《說文》云："厲，嚴也。"則嚴亦厲也。《禮·表記》云：

"不厲而威。"《書·皋陶謨》則言"威之"矣。今謂其政之順者,不嚴以厲威之而政自治也。

3. 蘇祖敬問曰:《孝經》云:"先王見教之可以化民也,是故先之以博愛,而民莫遺其親。"《春秋繁露》、《白虎通》引"見教"句皆同。司馬氏云:"教,當作孝,聲之誤也。"朱子云:"此句與上文不相屬,故溫公改教為孝。但謂聖人見孝可以化民,而後以身先之,於理悖矣。"然朱子謂"此句與上文不相屬",何也？唐《御注》云:"君愛其親,則人化之,無有遺其親者。"此《注》言愛親,未言博愛也,邢《疏》則強以博愛言之爾。顧氏炎武云:"左右就養無方,謂之博愛。"其以《禮·檀弓》文言博愛者,然乎？

答曰:《經》上文言其教其政,而此獨承言教者,以政為教之輔,言教則政可知也。《聖治章》經云:"聖人因嚴以教敬,因親以教愛,聖人之教不肅而成,其政不嚴而治。"此言教逮言政,固不平言之也。司馬《注》破經"教"字,非也,其文實相屬焉。《天子章》經云:"愛親者,不敢惡於人。"唐《御注》云:"博愛也。"今此經著"博愛"之文,乃不釋之,疏矣。顧氏說,於文未洽也。今据《中庸》云:"仁者,人也。親親為大。"謂愛親莫大焉。《論語》云:"樊遲問仁,子曰:'愛人。'子貢曰:'如有博施於民,而能濟眾,何如？可謂仁乎？'子曰:'何事於仁,必也聖乎！'"蓋仁愛而聖能博濟者,《孝經》非謂聖人歟？《孟子》云:"守約而施博者,善道也。君子之守,脩其身而天下平。"《大學》言脩身而治國平天下者,則云"上老老而民興孝",其施博乎？故韓子《原道》云:

"博愛之謂仁。"約諸經也，斯《孝經》可明矣。

謹案：先之者，以身教也。《大學》言治國平天下者，必曰先脩其身。博愛者，博施其愛也。《禮運》所謂"不獨親其親"也，《孟子》所謂"老吾老以及人之老"也。《經》曰："愛親者，不敢惡於人。"言博愛也。莫遺，無遺棄也。《孟子》所謂"未有仁而遺其親者"也。身先之以孝之博愛，而民愛其親無遺棄矣。施，讀去聲。司馬《注》云："此親，謂九族之親。"疏且愛之，況於親乎？惟以《經》上文貫之，當自一本之親而推九族焉。

4. 尤潤慶問曰：《孝經》云："陳之以德義，而民興行。"唐《注》釋"陳"為陳說，明矣。其釋"興行"云："起心而行之。"何也？

答曰：司馬氏云："起為善行。"此勝唐《注》矣。如顯言之曰孝行，尤洽也。謹案：上文言"先之"者，以身教也；此文言"陳之"者，陳說而以其理教也。德，孝德也，若《周官·師氏》言孝德之教也。義，孝義也，若《禮運》言子孝為人義也。興，起也。陳說之以由孝德義之理，而民興起為孝行矣。此經之注，必以孝顯言之，乃非泛也。僖二十七年《左傳》云："《詩》、《書》，義之府也；禮樂，德之則也；德義，利之本也。"邢《疏》稱焉，猶未以孝顯言之也。《周官》云："師氏，以三德教國子，其三曰孝德，以知逆惡。"又云："教三行，其一曰孝行，以親父母。"則國教皆以此為德行矣。《禮運》稱孔子云："何謂人義？父慈、子孝、兄良、弟弟、夫義、婦聽、長惠、幼順、君仁、臣忠十者，謂之人義。"蓋人民所宜行也。上弟上聲,下弟去聲。《禮·祭義》之言孝曰:"義者,宜此者也。"興,起,《釋言》文。

5. 陳達隆問曰:《孝經》云:"先之以敬讓,而民不爭;導之以禮樂,而民和睦。"唐《注》云:"君行敬讓,則人化而不爭。"又云:"禮以檢其跡,樂以正其心,則和睦矣。"邢《疏》云:"此依魏《注》也。"其釋敬讓者,明矣。《禮·鄉飲酒義》云:"先禮而後財,則民作敬讓而不爭矣。"邢《疏》稱焉。鄉飲酒而養老,即上老老之孝所推也。而孝之敬讓者,豈惟此歟?若其釋禮樂者,注說若此,何也?

答曰:《禮·祭義》云:"昔者,天子為藉 jí,指藉田,即古代天子、諸侯徵用民力耕種的田。天子、諸侯於春耕前躬耕之,以示重農千畝,冕而朱紘 hóng,古代天子冠冕上的紅色系帶,躬秉耒親自執耒耕作;諸侯為藉百畝,冕而青紘,躬秉耒,以事天地、山川、社稷、先古,以為醴酪齊盛 zī chéng,即粢盛,祭祀用糧,於是乎取之,敬之至也。"皆敬祭也。《祭義》云:"天子有善,讓德於天;諸侯有善,歸諸天子;卿大夫有善,薦於諸侯;士、庶人有善,本諸父母,存諸長老。"皆讓德也。《禮·坊記》云:"善則稱親,凡人子皆然矣。"《王制》養老之禮,其敬老,非惟鄉飲酒也。《禮》鄭《注》云:"藉,藉田也。先古,先祖。薦,進也。"《禮說》云:"周稱先公曰古公,此先古例也。"紘,讀若宏,所以結冠而下垂者。酪,讀若洛,酒類也。齊盛,黍稷在器者也,讀若粢承。坊,讀若防。司馬氏云:"禮以和外,樂以和內。"此以唐《注》為未洽而易之矣。《祭義》云:"樂也者,動於內者也;禮也者,動於外者也。樂極和,禮極順,內和而外順。"蓋順亦和也。故《論語》云："禮之用,和為貴。"司馬《注》從和睦而言外內之和焉。《禮·文王世子》云："樂所以脩內也,禮所以脩外也。"范氏注以脩內脩外言之,今以《孝經》本文而立言,則言脩不如言和也。如於禮樂之和,而以孝顯言之,尤叶也。《禮·祭義》之言孝曰:"禮者,履此者也,樂自順此生。"此曾子說有然。《孟子》稱禮之實,節文斯者;樂之實,樂斯者,其說亦義同。《易·序卦》言有禮者云:"故受之以《履》。"《易·繫辭傳》云:"履和而至。"遂云:"履以和行。"今言禮,履此孝而和也。《樂記》云:"夫樂者樂也,故曰心中斯須不和不樂,而鄙詐之心入之矣。"今言樂,樂此孝而和也。《說文》云:"睦,敬和也。"今言禮樂由孝而致和睦焉,是其和為敬中之和也。樂,讀若岳。樂斯,讀樂若落。下推此例讀同。

　　謹案:先之者,以身教也。敬者,若《祭義》言敬先,《王制》言養老之敬也。讓者,若《記》言讓善而稱其親也。身先之以孝之敬讓,而民亦如敬讓不爭矣。鄭氏曰:"若文王敬讓於朝,虞芮推畔於田,則下效之。"是也。導之者,導引而以其事教也。禮者,履此孝而和也;樂者,樂此孝而和也。導引之以由孝禮樂之事,而民亦從禮樂和睦矣,司馬氏曰:"禮以和外,樂以和內。"是也。朝,讀若潮。芮,如銳反。鄭注見《釋文》。《詩·緜》云:"虞芮虞、芮兩國質評斷厥成平息,文王蹶guì,感動厥生通"性"。"毛《傳》云:"質,成也。成,平也。蹶,動也。虞芮之君,相與爭田,久而不平,乃相謂曰:'西伯,仁人也,盍往質焉?'乃相與朝周。入其竟,則耕者讓畔,行者讓路;入其朝,士讓為大夫,大夫讓為卿。

二國之君,感而相謂曰:'我等小人,不可以履君子之庭。'乃相讓,以其所爭田為閒田而退。"是也。鄭《箋》云:"虞芮之質平,而文王動其緜緜民初生之道。"鄭承《詩》上文而言,得之矣。其未洽者,則以生為生王業也,豈可言民之初生王業乎？朱子以為未詳其義,蓋以此也。蘇氏轍以為文王動虞芮生恥心,於經病添文也。今考《書‧盤庚》與民言遷者曰:"往哉_{去吧}生生_{養活,生活}。"其言遷後保民者曰:"敢能夠恭任用,舉用生生為民眾謀生活的人。"其責不欲遷者曰:"汝萬民乃不生生。"蓋《詩》言周之先公初遷者,乃民之初生,而文王保民。至於虞芮相讓而能平,是蹶動其民之生,視初生而進矣。蹶,俱衛反。竟,與境通。

6. 馮春林問曰:《經》上文言其教其政,而下文獨於教承言之,其於政何也？

答曰:《經》云:"示之以好惡,而民知禁。"禁者,政之禁令也,此言教而終及政矣。謹案:《大學》云:"其所令反其所好,而民不從。"蓋政反其教,則民不知禁也。《經》上文言先之,而陳之導之者,皆其教示之以好也。其不好者,即其教示之以惡矣。如是,而民乃知有政之禁令焉。唐《注》於此未詳矣。邢《疏》釋《經》言教化者,多言為政以淆之,其未審歟。《樂記》云:"先王之制禮樂也,將以教民平好惡,而反人道之正也。"《禮‧緇衣》云:"上好是物,下必有甚者矣。故上之好惡不可不慎也,是民之表也。"《詩》云:"赫赫師尹,民具爾瞻。"邢《疏》皆引之以明此經矣。此《經》引《詩》"師尹"者,與《緇衣》說同。唐《注》叶焉。今本

《緇衣》云:"故上之所好惡。"有"所"字,與此《疏》引文不同。

孝治章 答問四條

1. 馮春林問曰:《孝經・孝治章》,唐《御注》釋《經》言"萬國"者云:"皆得懽心,則各以其職來助祭也。"釋《經》言"百姓"者云:"得所統之懽心,則皆恭事助其祭享也。"其皆言"助祭",何也?

答曰:《經》下文云:"四海之內,各以其職來祭。"此可見萬國不得以來助祭統言也,非為其職有不能來者邪。謹案:此言萬國貢獻以供祀事也,《夏書・禹貢》及《周官・大宰》可考焉。百姓無助祭者,唐《注》強言之爾。《經》言諸侯之孝者,則稱保其社稷而和其民人。此異於卿大夫稱守其宗廟,亦異於士稱守其祭祀,其實互通也。謹案:此言百姓守國,則為國君守其宗廟,而先君之祭祀無亡,斯由百姓以事其先君也。《孟子》云:"與民守之。"言守國也。

2. 李禮興問曰:《孝經・孝治章》,司馬《注》釋《經》言"士民"者云:"士謂凡在位者。"蓋司馬以為"士"與"民"對文也。釋"災害不生"者云:"天道和。"釋"禍亂不作"者云:"人理平。"蓋司馬承上文天下和平而分言之也。其說何如?

答曰:《曲禮》云:"列國之大夫,入天子之國,曰某士。"《儀禮・士相見禮》有統言"卿大夫"者,司馬說据焉。今考

《諸侯章》言"民人"者，既對文矣，是《詩》"宜民"、"宜人"之例也。此章言諸侯治國者，豈當變文為"士民"乎？且《經》下文申之曰："故得百姓之懽心以事其先君。"百姓非在位之士也。或釋百姓為百官，如《堯典》"平章百姓"例者，則士民之民非官也。唐《御注》云："況知禮義之士乎？"邢《疏》云："《詩》曰：'彼都人士。'士，丈夫之美稱，謂民中知禮義者。"此唐《注》諱民，而邢完其說也。今當酌唐《注》而益以《管子》說四民之士焉。《孝經·開宗明義章》言"以順天下"者，則云"民用和睦"，蓋睦，敬和也。此章言"天下和平"者，孝以順天下，惟和乃平也。《詩·小雅》云："終和且平。"昭二十年《左傳》云："平之以和也。"其例也。今分言之，豈叶乎？《易傳》言天者曰"大和"，猶太和也。《詩·小雅》託言天者曰："昊天不平。"斯謂天當平也，蓋天以和平言也。《詩·芣苢序》言室家之樂曰："和平，蓋人以和平言也。"芣苢，讀若浮以。

3. 伍蘭清問曰：《孝經·孝治章》疏，言諸侯之祭而及禘，何也？

答曰：李氏清植(1690—1743)，字立侯，別號穆亭，福建安溪人，清代學者李光地之孫云："禮，不王不禘。《疏》兼禘言，蓋誤。"由今考之，此《疏》雜於《春秋》家言禘者而致誤也。

4. 黃煒群問曰：《孝經》引《詩》云："有覺德行，四國順之。"唐《御注》云："覺，大也。"司馬《注》云："覺，大也，直也。"今竊思之，此引《詩·大雅·抑》之篇，唐《注》從《詩·

抑》鄭《箋》也，邢《疏》稱《孝經》鄭《注》同。司馬《注》兼訓直，從《詩・抑》毛《傳》也。而以《詩・斯干》毛《傳》考之，覺亦訓大。其釋義何也？

答曰：《釋詁》云："梏，較直也。"《釋文》云："梏，郭音角。較，古學反。"《詩・抑》疏云："梏、較與覺，字異音同。"今考《說文》云："直，正見也。"蓋覺者正見之，則直矣。《易・文言》云："直方大。"蓋德行直者，必大也。《禮・緇衣》引《詩》云："有梏德行，四國順之。"《禮》鄭《注》云："梏，大也，直也。"《釋文》云："梏，音角，《詩》作覺。"《詩說》云："古字，音同假借也。"今考《論語》云："人之生也直。"《雍也》故曰："斯民也，三代之所以直道而行也。"《衛靈公》其曰："父為子隱，子為父隱，直在其中矣。"《子路》此孝子之直也。《孝經》諍子，善行其直焉。其曰"直道而事人"，此忠臣之直也。《孝經》諍臣，必行其直焉。襄二十一年《左傳》叔向引《詩・抑》而稱祁奚曰："夫子覺者也。"其斯以為直之義歟。《孝經》云："人之行莫大於孝。"大則無不直也。唐《注》惟云："覺，大也。"斯叶經文也。董子《春秋繁露》引《詩・抑》而釋之曰："覺者，著也，王者有明著之德行。"其說豈有他哉？蓋大，則其明著而不蔽於私以自小也，故《孟子》稱伊尹之言曰："予天民之先覺者也，予將以斯道覺斯民也。"夫斯民，四國之人也。

聖治章 答問十條

1. 或問曰：《孝經》云："孝莫大於嚴父，嚴父莫大於配天。"何也？

答曰：《孟子》云："孝子之至，莫大乎尊親；尊親之至，莫大乎以天下養。"此言舜之孝也。《中庸》稱武王者云："身不失天下之顯名，尊為天子。"由是言之，其尊也，其顯名也。嚴父者，其顯名足以尊其父也。彼僭亂而妄干犯大禮者，辱親也，豈嚴父乎？此可釋讀《孝經》者之疑矣。養，讀去聲。

2. 張懷愨què問曰：《孝經》云："昔者周公郊祀后稷以配天，宗祀文王於明堂以配上帝。"唐《御注》云："后稷，周之始祖也。郊，謂圜丘祀天也。周公攝政，因行郊天之祭，乃尊始祖以配之也。明堂，天子布政之宮也。周公因祀五方上帝於明堂，乃尊文王以配之也。"其言"周公攝政"，言"祀五方上帝"，何也？

答曰：此注如不曰"周公攝政"，而曰"周公制禮"；如不曰"祀五方上帝"，而曰"祀上帝"，則無失矣。《樂記》言武王克殷者曰："祀乎明堂而民知孝。"蓋此與上文散軍郊射、虎賁說劍者連言也。此武王祀文王於明堂也，則嚴父配天之禮也。而后稷為周之始祖，其配天當在文王之先，可知也。且郊之配天，殷禮已然。《書·君奭》所謂"殷禮陟配天"也。武王克殷，在位六年，武王郊祀天，必因殷禮而有配天，亦可知也。此以明在武王時，當以后稷配天而先矣。其"尊祖"之義，皆"嚴父"之義所推也。《詩序》云："《生民》，尊祖也。后稷生於姜嫄，文武之功起於后稷，故推以配天焉。"《漢志》引《書·武成》云："辛亥，祀于天位。"《周書・世俘篇》云:"辛亥,祀于位,用籥于天位。"又云:"告于天于稷。"故云:"用牛于天于稷。"蓋辛亥者,武王克殷後告天之日也。《禮・大傳》所謂"既事而退,柴於上帝"也,則武王既告于天于稷矣。由是言之,以郊祀、明堂祀,而推嚴父配天以尊祖者,武王也,《經》曷為自周公言之乎?周公酌其禮,而武王行之也。周公,武王弟也。其禮,武王行之,亦未成乎其禮制也。《中庸》云:"武王未受命,周公成文武之德,追王大王、王季,上祀先公以天子之禮。"蓋祀禮者,周公相成王而成之也。伏生《尚書大傳》云:"周公攝政,六年制禮作樂,七年致政。"是也。祀禮由周公之制而成,故曰"昔者周公郊祀后稷以配天,宗祀文王於明堂以配上帝"。《漢書・平當傳》引《孝經》此文而言之,亦以為周公制禮也。僖二十四年《左傳》云:"昔周公弔二叔之不咸,故封建親戚以蕃屏周。"言封建者,周公定之也。不然,則《傳》言封建者,凡十六國,魯在其中矣,豈周公自封於魯乎?《史記・封禪書》引《孝經》此文而言之,則以為周公既相成王也,謂其相成王而成此祀禮也,非以周公攝政而攝祀言之也。《樂記》鄭《注》云:"文王之廟為明堂制。"孔《疏》云:"周公攝政,六年始朝諸侯於明堂。"當武王伐紂時,未有明堂,故知是文王之廟制爾,非正明堂也。此孔据《禮・明堂位》說,而申鄭《注》焉。今考《禮・祭義》云:"祀乎明堂,所以教諸侯之孝也。"鄭《注》云:"祀乎明堂,宗祀文王。"然則《樂記》此文,亦當為宗祀也。其時未有明堂,當如武成天位例,為宗祀明堂位矣。《書・召誥》言營洛邑者,則云:"位成。"遂云:"用牲于郊。"其時未有郊壇,亦祀于郊位爾。鄭以文王廟言明堂者，非也，奚可以人鬼之廟而享天神乎？阮氏元引《召誥》周公攝郊、《洛誥》功宗元祀以言《孝經》此文者，皆失之。辯詳《尚書集注述疏》。

《詩序》云："《思文》，后稷配天也。《我將》，祀文王於明堂也。"《詩・我將》云："維天其右之。"又云："畏天之威，于時保之。"其詩言"天"者再，然則上帝即天也，配上帝即配天也，故《經》上文統言之曰："嚴父莫大於配天。"不分言也。《禮・月令》："季秋，大享帝。"此《周官・大宗伯》所稱昊天上帝也。今以秋成而大享帝於明堂也。鄭《禮注》以五帝言，非也，《禮》家辯之矣。今曰嚴父配天，父一而已，何言配五帝乎？《經》上文云"嚴父莫大於配天"，則周公其人也。唐《御注》云："以父配天之禮，始自周公。"邢《疏》云："按《禮記》，夏殷始尊祖於郊，無父配天之禮也。"然《祭法》記夏郊鯀 gǔn 者，夏禹父鯀也。昭七年《左傳》言鯀者曰："實為夏郊。"《晉語》亦同。韋《注》言禹郊祀，是也。故《祭法》云："鯀障鴻水即洪水而殛 jí，流放，放逐死，禹能修鯀之功。"此《易》所謂"幹父之蠱"也，則父鯀配天焉。此《疏》當云：無明堂父配天之禮也。蓋宗祀明堂，周公益其禮也。《禮・郊特牲》云："萬物本乎天，人本乎祖。"此所以配上帝也。邢《疏》據《公羊傳》以主配客言之，非也。《郊特牲》云："天子無客禮，莫敢為主焉。"則人之於天也，其孰為主乎？今本《孝經疏》誤字者多，當以阮氏《校勘記》參焉。若此疏《公羊傳》"無匹不行"，今本匹作主，誤也。且有阮校未及者，若此《疏》上文云："則天與日俱祀於郊。"今本作："則與經俱郊祀於天。"亦誤也。圝，古圓字。賁，讀若奔。

追王,讀王去聲。屏,讀若丙。鰥,讀若袞。司馬及范《注》言周公者,與唐《注》意略同。

3. 何猷問曰:《孝經》云:"其所因者,本也。"唐《御注》云:"本謂孝也。"邢《疏》云:"此依鄭《注》也。"遂稱首章云:"夫孝,德之本也。"司馬氏《注》云:"本謂天性。"《注》說二者何如?

答曰:此二而一者也。蓋孝為德之本者,本天性也。故下文連言之曰:"父子之道,天性也。"邢《疏》云:"謂其本於先祖也。"先祖,當為"孝順"二字之譌。

4. 伍蘭清問曰:《孝經》云:"父子之道,天性也,君臣之義也。"唐《御注》云:"父子之道,天性之常,加以尊嚴,又有君臣之義。"司馬《注》云:"不慈不孝,情敗之也。"又云:"父君子臣。"范《注》云:"父慈子孝,本於天性,非人為之也。父尊子卑,則君臣之義立矣,故有父子然後有君臣。"三注孰為洽歟?

答曰:《易·序卦》云:"有父子然後有君臣。"范《注》釋君臣之義,據《易·序卦》焉,則洽也。此范《注》可申司馬《注》矣。惟范《注》如司馬沿邢《疏》而言慈,則非《孝經》專與人子言孝之意也。《禮·坊記》云:"父母在,言孝不言慈。君子以此坊民,民猶薄於孝而厚於慈。"由是推之,邢《疏》言慈者,非《經》意也,亦非《注》意也。唐《御注》釋父子之道,固不言慈也,唐《注》洽矣。《經》云:"若夫慈愛恭敬。"其言慈者,謂愛親也。《疏》引劉炫稱《禮·內則》說:

"子事父母,慈以旨甘。"《喪服四制》云:"高宗慈良於喪。"《莊子》云:"事親則孝慈。"知慈是愛親也,此必邢因元《疏》焉。而《疏》於父子之道言慈者,殆邢所增爾。《孟子》云:"瞽瞍厎豫而天下之為父子者定。"言舜之大孝,雖瞽瞍不慈而厎豫也。昭二十六年《左傳》云:"父慈,子孝,禮也。"《大學》云:"為人子,止於孝;為人父,止於慈。"此《大學》言君子脩身知止焉,蓋皆不專言人子之道也。坊,古通防。

5. 尤潤慶問曰:《孝經》云:"父母生之,續莫大焉。君親臨之,厚莫重焉。"此君親兼承父母之文。而唐《御注》云:"謂父為君,以臨於己。"則偏承矣。經文豈叶乎?

答曰:《易·家人·彖傳》云:"家人有嚴君焉,父母之謂也。"此《孝經注》當據《易》而釋之矣。《經》上文云:"父子之道,天性也,君臣之義也。"此謂父為君,《經》先言之,家之至尊也。既君其父,亦君其母,《經》備言之,蓋《孝經》言事父母者也,《注》當酌焉。邢《疏》據《易》"嚴君",以明上文注言父子君臣者,今如移之以為父母君親之注也,斯叶矣。邢《疏》云:"《禮·文王世子》稱昔者周公攝政,抗世子法於伯禽,使之與成王居,欲令成王知父子君臣之義。君之於世子也,親則父也,尊則君也。有父之親,有君之尊,然後兼天下而有之。"此《疏》當據以明上文《注》言父子君臣者。抗,苦浪反,猶舉也。

6. 陳達隆問曰:《孝經》云:"以順則逆,民無則焉。"唐《御注》云:"行教以順人心。今自逆之,則下無所法則也。"

蓋唐《注》承上文，以為己不愛敬其親，而行教愛敬他人也。司馬《注》云：「謂之順，則不免於逆，人不可為法則。」蓋司馬《注》承上文，以為苟不愛敬其親，雖愛敬他人，猶不免於悖也。二者何如？

答曰：此於《經》之辭氣未悉叶矣。謹案：此承上文而言，蓋愛敬其親，而愛敬及他人者。《經》首章言孝者，所謂「以順天下」也。如不愛敬其親，而愛敬他人者，乃以順則逆也，是不孝也，其民無法則焉。

7. 黃煒群問曰：《孝經》云：「雖得之，君子不貴也。」唐玄宗《注》云：「言悖其德禮，雖得志於人上，君子之不貴也。」邢《疏》云：「幸免篡逐之禍，亦君子之不貴，言賤惡之也。」司馬《注》云：「得之，謂幸而有功利。」注說二者何如？

答曰：《經》上文云：「不在於善，而皆在於凶德。」既云凶德，則非有功利可言矣。此《經》下文言君子者，與襄三十一年《左傳》略同。彼《左傳》敘衛北宮文子言楚令尹圍無威儀矣。其言曰：「雖獲其志，不能終也。」故《孝經》唐《注》亦以得志而言。《論語》云：「其未得之也。」又云：「既得之。」謂得位焉。以其上文言事君而知也，蓋小人以得位為得志矣。然志之為言，此於經病添文也。今考《樂記》云：「德者，得也。」韓文云：「德為虛位，故德有吉有凶。」韓斥異端者曰：「德其所德。」而《孝經》此文可明矣。蓋凶德者，雖德其所德而自得之，君子以其失「人為貴」之性而不貴也。《經》言貴者，因上文而言。

8. 伍蘭清問曰:《孝經》云:"容止可觀。"唐《御注》云:"容止,威儀也。"邢《疏》云:"此依孔《傳》也。容止,謂禮容所止也。"《漢書·儒林傳》云:"魯徐生善為容,以容為禮官大夫。"是也。今竊思之,《疏》文洽於《注》文矣。此經文上下,與襄三十一年《左傳》略同,蓋孔子述古言而變通之者歟。《左傳》以威儀為統言,《孝經》引《詩》言之,亦統於其儀也。是容止在威儀中,而威儀不惟容止矣。司馬《注》云:"容止,容貌動止也。"何如?

答曰:司馬《注》亦未洽也。容止,禮容之節也。《詩·相鼠》譏無禮者曰:"人而無止。"《釋文》引《韓詩說》云:"止節,無禮節也。"《毛詩》鄭《箋》云:"止,容止。"《孝經》曰:"容止可觀。"無止,則雖居尊,無禮節也。相,讀去聲。善為容,《漢書》"容"作"頌",古字通。

9. 蘭清又問曰:《禮·檀弓》云:"季孫春秋時魯國執政季孫氏之母死,曾子與子貢吊焉。閽hūn人守門人為君在因為國君在裏面弗內通"納",進入也。曾子與子貢入於其廄而脩容焉。子貢先入,閽人曰:'鄉xiàng者已告矣剛才已經通報過了。'曾子後入,閽人辟躲避,讓路之,涉內霤liù,門內屋檐流水處,卿大夫皆辟位,公降一等而揖之。君子言曰:盡飾盡力修整儀容之道,斯其行者遠流傳久遠矣。"其所謂容止可觀者歟?而或以為記者之誣,何也?

答曰:非誣也,鄭《注》失之,孔《疏》因而申之,故《經》未明爾。今以《士喪禮》推之,蓋二子赴吊,未知君在,適當君至方升階而在堂之時,不先亦不後也。故門者以君在而弗內，為之即告而得入。其脩容者，脩飾而為見君之禮容也。其始惟吊容而已，未知君在也。門者謂已告，明乎鄉者弗內之時，謂為之即告也。子貢先入，察其已告否也；曾子後入，知其已告而隨子貢即入也。門者辟之，已告則當辟也。已告者，實言之，而非姑言之也。辟位及降等，禮容宜然也。盡飾之道，盡禮也。《易‧序卦》云："賁者，飾也。"《賁‧象傳》云："文明以止，人文也。"蓋禮文之容止則飾也。《大戴禮‧勸學篇》云："君子不可以不學，見人不可以不飾。不飾無貌，無貌不敬，不敬無禮，無禮不立。夫遠而有光者，飾也；近而逾明者，學也。"《尚書大傳》與《勸學篇》同。為君，讀為去聲，下"為之"同。內，古通納。廞，讀若救。鄉，讀去聲。辟，與避通。雷，力又反。賁，彼義反。

10. 黃煒群問曰：《孝經》稱《詩》云："淑人君子，其儀不忒。"唐玄宗《注》云："淑，善也。忒，差也。義取君子威儀不差，為人法則。"司馬《注》云："言善人君子，內德既茂，又有威儀，然後民服其教。"《注》說二者不同，何也？

答曰：《經》上文言民象君子者，即儀見德，唐《注》言之而未詳矣。司馬說德又有儀，則於《經》上文不皆貫矣。《詩‧大雅》云："抑抑美好貌，軒昂貌威儀，維德之隅方正。"《抑》言其儀為德所表也。《大學》稱《詩》云："其儀不忒，正是四國。"其為父子兄弟足法，而后民法之也，斯即儀見德也。今《孝經》引《詩》"其儀不忒"者，說同。此貫《經》上文乃無遺矣。謹案：《左傳》曰："有儀而可象效法，倣效謂之儀。"蓋德著於儀，即儀見德也。《經》引《詩》言其儀之善者，以明君子孝德可象也。后,與後通。引《左傳》者,襄三十一年文。

紀孝行章答問三條

1. 張懷慤問曰:《孝經》云:"居則致其敬。"唐《御注》云:"平居必盡其敬。"司馬《注》云:"恭己之身,不近危辱。"如司馬說,則釋居者何?

答曰:居,如《論語》"居則曰"之居,蓋平居也,今謂親居也。《內則》稱父母之所者,其平居也。此與《經》下文養親、親病、喪親、祭親,當一例焉。司馬《注》以人子居敬言之,則於經文未叶矣。《曲禮》云:"孝子不服闇,不登危,懼辱親也。"鄭《注》云:"服,事也。闇,冥也。"不於闇冥之中從事,為卒有非常,且嫌失禮也。為,讀去聲。卒,與猝通。或曰:"不服闇,不行闇昧事也。"此司馬《注》義所由也。其義,當於《經》首章言立身行道者統之矣。《經》下文言驕亂及爭者,蓋即危辱之大者也。唐《注》釋居者,司馬其未察歟。《曲禮》云:"為人子者,居不主奧。"鄭《注》云:"室中西南隅謂之奧。"孔《疏》云:"室嚮南,戶近東南角,則西南隅隱奧無事,其名為奧,故尊者居必主奧也。既是尊者所居,則人子不宜處之也。"此亦致其敬之一端也。《內則》云:"杖屨祇敬之,勿敢近。"亦在親平居時也。祇,讀若支。《釋詁》云:"祇,敬也。"《禮》用重文。

2. 蘇祖敬問曰:《孝經》云:"養則致其樂。"唐《御注》

云："就養能致其懽。"司馬《注》云："樂親之志。"范《注》云："曾子養志。"是也。蓋范申司馬義，而唐《注》亦明歟？

答曰：唐《注》必辯之乃明矣。《禮》言就養者，統言事親之稱；今此言養者，對居與病而言，則就養中之一端，明乎其為酒肉之養也，蓋與《禮》之養疾亦稱養者異矣。今當酌《孟子說》而釋義焉。《孟子》云："曾子養曾晳，必有酒肉，將徹，必請所與。問有餘，必曰有。曾晳死，曾元養曾子，必有酒肉，將徹，不請所與。問有餘，曰亡矣，將以，復進也。此所謂養口體者也，若曾子則可謂養志也。"亡，古通無。復，扶又反。《孟子說》云："其曰將以，此二字句也，其為文異乎將以反說約也。"《說文》云："以，用也。"《孟子·萬章篇》有"招虞人何以"之文，今言亡矣。將用，則再進也。如是，則親以再進之難，而有不用矣。雖用，而亦不安矣。《禮·文王世子》云："命膳宰曰：末有原。"蓋原，再也，言無有再進也，曾元當亦聞之矣。如舊說，則曾元不太淺歟？舊說，謂雖有言無，其意將以復進於親，不欲其與人也，此朱《注》因趙《注》而失之也。《孟子說》云："問有餘，必曰有，此巧變也。"《大戴禮·曾子事父母篇》云："孝子惟巧變，故父母安之。"若此類也。

3. 尤潤慶問曰：《孝經》云："在醜不爭。"唐《御注》云："醜，眾也。"司馬《注》云："醜，類也，謂己之等夷。"其說何如？

答曰：醜，眾，《釋詁》文。《曲禮》云："在醜夷不爭。"鄭《注》云："醜，眾也。夷，猶儕也。四皓曰：'陛下之等夷。'"

今考《釋詁》,平、夷,義同,鄭意謂平等也。司馬《注》据《曲禮》焉,惟醜眾之平等者,易致於爭,故《曲禮》惟以"在醜夷"言之。而爭之甚強,則雖非醜眾之平等者而亦與爭,故《孝經》統以"在醜"言之,二者同而不同。司馬說則淆矣。《易·漸·象》疏云:"醜,類也。"《學記》有"醜類"之文。司馬據此,以為同類平等矣。今考《詩·緜》云:"戎醜攸行。"毛《傳》云:"戎,大。醜,眾也。"此大眾,豈可謂大類乎?儕,仕皆反。四皓者,漢隱士東園公也,角里先生也,綺里季也,夏黃公也。四人須眉皓白,故曰四皓。此引其謂漢高祖語也,詳《史記·留侯世家》。角,古音祿。

五刑章_{答問三條}

1. 或問曰:《孝經》云:"五刑之屬三千,而罪莫大於不孝。"今据《書·呂刑》云:"墨罰之屬千,劓罰之屬千,剕罰之屬五百,宮罰之屬三百,大辟之罰,其屬二百五。五刑之屬三千。"邢《疏》據此以申唐《注》焉,蓋與《周官·司刑》掌五刑而二千五百者不同。《呂刑》乃增輕罪而減重罪也,惟無以見其首不孝之刑爾。

答曰:《周官·大司徒》云:"以鄉八刑糾萬民,一曰不孝之刑。"此其罪莫大焉。今律,不孝列十惡之條,蓋猶古也。《禮·檀弓》云:"子弒父,凡在宮者殺無赦。殺其人,壞其室,洿其宮而豬焉。"刑《疏》及之矣。《周官·掌戮》云:"凡殺其親者,焚之。"《易·離》九四云:"突如其來如,焚如,死如,棄如,其象也。"故《周官》鄭《注》據之,賈《疏》

引《易》鄭《注》云:"震為長子,爻失正,不知其所如。不孝之罪,五刑莫大焉。"是也。《說文》云:"𠫓,不順忽出也。从到子。"《易》曰:"突如其來如。"不孝子突出不容於內也。𠫓,即《易》"突"字也。如《說文》言"到子",今為倒子,是逆子也,則不孝之刑莫逃矣。劓,魚器反。荆,扶沸反。辟,匹亦反。洿,讀若烏。《尚書說》:"豬,水所聚也。"到,古通倒。

2. 陳達隆問曰:《孝經》云:"非孝者無親。"唐玄宗《注》云:"善事父母為孝,而敢非之,是無親也。"司馬《注》云:"父母且不能事,而況他人?其誰親之?"二說不同,可兼用乎?

答曰:《孝經》"無親"與"無上"連言,猶《孟子》"無父"與"無君"並言。唐《注》釋"無親"者,酌焉。隱四年《左傳》云:"安忍無親。"言親離也,司馬說例同,然其例非"無親"與"無上"連言者也。且其人無父母親者,其無親近,不言而可知矣。

3. 張子沂問曰:今非孝焉,而又非忠,謂忠於君者,不能忠於國也。彼烏知孝於親者必忠於君,忠於君者必忠於國,其斯為聖人之大道乎?今何憒憒 kuì kuì,紛亂若斯乎?

答曰:此《孝經》之教不行於天下故也。《孝經》為天地之經,天下萬世,安有一道而可改為之哉?孔子之《易傳》曰:"乾為天,坤為地。"而曰:"乾坤毀則無以見《易》。"《易》不可見,則乾坤或幾乎息矣。《孝經》之道,《易》之道也。

立乎天地而有常,此乾坤之不毀者也。慣,古對反。幾,讀平聲。

廣要道章 答問壹條

1. 黃德鄰問曰:《孝經‧開宗明義章》以孝為至德要道焉,而《廣要道章》言孝遂言悌,言樂而終言禮,其下《廣至德章》亦承上章"禮之敬"而言。唐注疏於此未發其義也。司馬《注》云:"將明孝而先言禮者,明禮孝同術而異名。"范《注》云:"君子所謂教者,孝而已。施於兄則謂之弟,施於君則謂之臣,皆出於天性,非由外也,故曰順民。"宋《注》於此,將發其義歟?然猶未得有徵文也。且《經》方明孝而即言禮,安見將明先言者乎?

答曰:此《孝經》也。其為文,則主孝而言。蓋事父孝者,則事兄悌,故遂言悌。《禮‧祭義》之言孝曰:"禮者,履此者也,樂自順此生。"故言樂而終言禮。《曲禮》曰:"毋不敬。"夫孝而敬其父者必敬其兄,故《經》曰:"以敬事長則順。"孝而敬其父者必敬其君,故《經》曰:"資於事父以事君,而敬同。"凡諸經之文,其義理有常,而文法無常,以其文所主者異焉。《孟子》云:"仁之實,事親是也;義之實,從兄是也。"遂云:"禮之實,節文斯二者;樂之實,樂斯二者。"此其例也。其在《孟子》,則孝弟二者並言也,是與《孝經》同而不同。莫善於悌,《釋文》從鄭本,悌作弟,而云:"本亦作悌。"

廣至德章 答問壹條

1. 張懷慤問曰:《孝經》引《詩》云:"愷悌君子,民之父母。"此引《詩·大雅·泂酌篇》文。《毛詩》作"豈弟",《釋詁》云:"愷,樂也。弟,易也。"毛《傳》云:"樂以強教之,易以說安之,民皆有父之尊,有母之親。說,讀若悅。"此毛據《禮·表記》焉。愷,與凱通。《表記》引《詩》而釋之云:"凱以強教之,弟以說安之,使民有父之尊,有母之親。如此,而後可以為民父母矣。非至德,其孰能如此乎?"《孝經》唐《注》、司馬《注》、范《注》據毛《傳》,略同。然於《孝經》引《詩》而明君子教以孝者,殆未洽歟?

答曰:《表記》鄭《注》云:"有父之尊,有母之親。"謂其尊親已如父母,如《孝經》注以《禮》注通之,斯洽矣。凡詩文雖同,其引文所主者異也。蓋君子教以孝者即教以悌,自敬父通之而敬兄焉;君子教以孝者即教以臣,自敬父通之而敬君焉。故上文惟統言之曰:"君子之教以孝也。"於是乎引《詩》而明之,言樂易君子,教民以孝。民之孝者,敬君子如父母,所謂"以孝事君則忠"也。是順民也,所謂"以順天下"也。孝之至德,順天下而順民,其大有如此者,至德所以即為要道也,此《注》宜有脩焉。《禮·祭義》云:"祀乎明堂,所以教諸侯之孝也;食三老五更於大學,所以教諸侯之弟也;朝覲,所以教諸侯之臣也。"邢《疏》稱焉,惟《孝經》則當主乎孝而通弟與臣之義也。食,讀若嗣。更,讀平聲。大,讀若太。《禮·文王世子》鄭《注》

云:"三老、五更,各一人也,皆年老更事致仕者也。天子以父兄養之,示天下之孝悌也。名以三五者,取象三辰五星,天所因以照明天下者。"孔《疏》引蔡邕說,以更為叟,叟,老稱。又以三老為三人,五更為五人,與鄭不同。然叟乃破字古時注疏訓詁字義的一種方法,用本字來改讀古書中的假借字釋之矣,非經原文也。朝,讀若潮。《禮運》云:"先王患禮之不達於下也,故祭帝於郊,所以定天位也。"邢《疏》據劉炫說引此而申之云:"郊祭之禮,冊祝稱臣,蓋以為此天子教以臣之義也。"《冊府元龜》云:"貞觀十七年十一月,己卯,有事於南郊,祝文曰:'嗣天子臣世民,敢昭告于昊天上帝。'"此唐制也,蓋後世之禮有然。今考《曲禮》云:"君天下曰天子,外事曰嗣王某。"謂若郊祭祝辭也。《大戴禮·公冠篇》稱古祝辭曰:"維予一人某,敬拜皇天之祐。"則古祭天祝辭不稱臣也。後世稱臣者,以為猶《公羊傳》所謂臣子一例也。

廣揚名章答問四條

1. 或問曰:今之非孝者云:"孝知有家,不知有國也。"《韓非子》云:"魯人從君戰,三戰三北,仲尼問其故,對曰:'吾有老父,身死莫之養也。'仲尼以為孝,舉而上之。以是觀之,夫父之孝子,君之背臣叛臣也。"今之非孝者,乃若斯乎?

答曰:甚哉,《韓非》之誣也!周官有養死政之老,聖人奚以是舉邪?《禮·祭義》稱曾子云:"事君不忠,非孝也;

戰陳無勇,非孝也。"故《經》曰:"君子之事親孝,故忠可移於君。"孝子忠臣,相成之道也。以忠為孝者,所謂立身行道、揚名於後世,以顯父母也。陳,與陣通。北,謂敗奔,蓋北為陰退而伏之方也。

2. 或問曰:《孝經》云:"居家理,故治可移於官。"今徵諸古大夫者何?

答曰:《左傳》云:"屈建問范會之德于趙武,趙武曰:'夫子之家事治,言於晉國,竭情無私,其家事無猜,其祝史不祈。'建以語康王,康王曰:'宜夫子之光輔五君,以為諸侯主也。'斯古大夫其有孝治之風乎?"參《廣揚名章》正文注釋引《左傳》者,昭二十年文。

3. 或問曰:《大戴禮‧衛將軍文子篇》云:"博無不學,其貌恭,其德敦,其言於人也,無所不信。其橋大人也,常以皓皓,是以眉壽,是曾參之行也。"蓋子貢稱焉,而盧氏辯舊注未安矣。其言橋者何?《詩‧豳風》云:"為此春酒,以介眉壽。"今若何而以皓皓乎?

答曰:橋,木名。《尚書大傳》云:"橋實高高然而上。"橋者,父道也。《易傳》云:"乾為君為父。"而《乾‧象》稱大人,《漢書》言高祖稱其父曰大人,明其稱自古焉。《詩序》云:"《白華》,孝子之絜白也。"絜,與潔通。《詩‧唐風》毛《傳》云:"皓皓,潔白也。"《孟子》言曾子稱孔子者,則曰"皜皜乎不可尚已",非慕其潔白乎?今言曾子之行,其橋仰父大人也。常以孝子皓皓潔白,是以大人樂而有秀眉之壽,是足以見曾子立身行道,而行成於內者焉。

4. 或問曰:今文《孝經·廣揚名章》云:"君子之事親孝,故忠可移於君;事兄悌,故順可移於長;居家理,故治可移於官。"此三可移者也。古文《孝經》於《廣揚名章》下有《閨門章》云:"子曰:'閨門之內,具禮矣乎。嚴父嚴兄,妻子臣妾,猶百姓徒役也。'"此因三可移者而為文也。古文之偽者何?

答曰:《大學》云:"孝者,所以事君也;弟者,所以事長也;慈者,所以使眾也。"弟,亦悌也,斯非若今文《孝經》言三可移者哉?其古文之偽者,則疏矣。夫孝悌而嚴事父兄,乃無文見君長邪。家之妻子臣妾,則百姓徒役猶然。其於慈者,無文以見之,安見其使眾何如也?互詳前答梁應揚偽《孝經》之問。

諫諍章答問三條

1. 黃德鄰問曰:《孝經·諫諍章》邢《疏》引《內則》云:"父母有過,下氣怡色,柔聲以諫,諫若不入,起敬起孝,說則復諫。"又引《曲禮》云:"子之事親也,三諫而不聽,則號泣而隨之。"此《疏》之申《注》者,無疑矣。若夫襄二十六年《左傳》云:"自上以下,降殺以兩,禮也。"唐《注》據此,以為爭臣七人、五人、三人之差,此當有實數焉。邢《疏》其未審歟?

答曰:此經先儒舊說,宜酌而取之,何邢《疏》因劉炫說概不取邪？《禮·文王世子》云："《記》曰：'虞、夏、商、周，有師保，有疑丞，設四輔及三公，不必備，唯其人。'"鄭《注》引此言爭臣七人，善於《經》矣。伏生《尚書大傳》云："古者天子必有四鄰，前曰疑，後曰丞，左曰輔，右曰弼。天子有問無以對，責之疑；可志記住，記載而不志，責之丞；可正匡正而不正，責之輔；可揚舉用而不揚，責之弼。其爵視比照卿，其禄視次國之君。"蓋《虞書》"四鄰"，即《記》所稱"四輔"也。故《釋文》出鄭《孝經注》云："左輔右弼，前疑後丞。"鄭據《大傳》焉。《釋文》弼又作拂，丞亦作承。邢《疏》云："孔、鄭二《注》及先儒所傳，並引《記》"四輔"、"三公"，以充七人之數。"如《疏》言，則《偽孔》襲鄭也。《偽古文尚書·冏命》云："惟予一人無良不善,不好，實賴左右前後有位之士居官之人，匡其不及。"故《偽孔傳》釋《虞書》者，以四鄰為前後左右之臣，而不為疑丞輔弼。《偽古文尚書·周官》言三公，無言四輔矣。劉炫遂據偽者，乃言左右前後，四輔之謂也。疑丞輔弼，當指諸臣，非別立官，豈其然乎？

《大戴禮·保傅篇》云："明堂之位，篤仁而好學，多聞而道慎。天子疑則問應而不窮者，謂之道。道者，導天子以道者也。常立于前，是周公也。誠立而敢斷，輔善而相義者，謂之充。充者，充天子之志者也。常立于左，是大公也。絜廉而切直，匡過而諫邪者，謂之弼。弼者，拂天子之過者也。常立于右，是召公也。博聞強記，接給而善對者，謂之承。承者，承天子之遺忘者也。常立于後，是史佚也，故成王中立而聽朝，則四聖維之，是以慮無失計而舉無過事。"蓋《周書·洛誥》所以言亂為四輔也。又

《保傅篇》云:"昔者,周成王幼在襁緥之中,召公為大保,周公為大傅,大公為大師。保,保其身體;傅,傅其德義;師,導之教訓。此三公之職也。"《書·君奭序》云:"召公為保,周公為師,相成王為左右,蓋周公由大傅而為大師也。"《鄭志》引《書·周官》亡篇之逸文曰:"立大師、大傅、大保,茲為三公,此其序也。"若夫《周禮》古稱《周官經》,其曰:"師氏,掌以媺 měi,同"美",好,善詔王;保氏,掌諫王惡。"皆大夫之職,而無大師、大傅、大保三公之職,以不必備故也,則其無四輔,亦明矣。夫不必備者,則其人可兼官也。且《周官經》為禮家書,非周公作焉。今以《周書》官名考之《周禮》,亦不悉同也。

邢《疏》云:"王肅指三卿、內史、外史,以充五人之數。"如《疏》言,王說稱內史、外史者,據《周禮》王朝之官而言,將以是推諸侯爭臣也,惟外史掌書志而已,非爭臣職也。今考《周書·酒誥》曰:"大史友、內史友。"又曰:"圻父、農父、宏父。"蓋諸侯之爭臣五人也。君謂臣為友,求益也。友者,明其誼當有爭也。父,與甫通,尊稱也。父者,明其尊當有爭也。《蔡傳》云:"圻父,司馬也,主封圻;農父,司徒也,主農;宏父,司空也,主廓地居民。"是也。此諸侯三卿也。《周書·梓材》曰:"司徒、司馬、司空。"其序與《酒誥》異者,《酒誥》為武王告康叔嚴酒戒之辭,康叔以諸侯之長而監諸侯,故先司馬焉。《梓材》先司徒,則序三卿之常也。《周書·牧誓》云:"司徒、司馬、司空。"此伐紂時序殷之諸侯三卿也,其常序亦同。而《大誓》三卿,則先司馬焉,主兵,故也。今以《周禮》稱周官者言之,"大史掌建邦之六典",此即《大宰》所稱治典、教典、禮典、政典、刑典、事典也。"內史掌王之八枋之法",蓋八枋者,爵、祿、廢、置、殺、生、予、奪也,而諸侯之官可推矣。《周書》於大史、內史,特以友稱焉,斯其所爭者大也。《偽孔》言五人者,邢《疏》謂孔《傳》指天子所命之孤及三卿與上大夫,今有辯焉。《周禮·典命》云:"公之孤四命。"鄭司農東漢經學家鄭眾,因其曾官大司農,故稱云:"九命上公①,得置孤卿指少師、少傅、少保,一說指六卿之首一人。"然則諸侯為上公而有孤者希矣,其孤亦統之為卿也。《王制》云:"大國三卿,皆命於天子。下大夫五人……次國三卿,二卿命於天子,一卿命於其君。下大夫五人。"故曰諸侯之上大夫、卿,然則三卿外安有上大夫乎?此偽者之疏也。

　　邢《疏》云:"孔《傳》指家相、室老、側室,以充三人之數。"王肅無側室而謂邑宰,或曰盧氏文弨校本"室老"作"宗老",此勿淆之矣。今考《禮·檀弓》疏云:"室老,家之長相,是大夫之家貴者。"然則室老即家相上古時期卿大夫家中的管家也,《曲禮》云:"士不名家相不稱呼家相的名字。"斯大夫有家相可知矣。《魯語》云:"饗其宗老。"此為大夫文伯之謀也。《楚語》云:"召其宗老而屬之。"此大夫屈到所屬也。韋《注》云:"家臣曰老,宗老謂宗人也。"又云:"宗人,宗臣也。"蓋宗老則異於室老焉,若所謂大夫有貳宗也。隱二年

---

① 九命上公:周代官爵分為九個等級,稱九命。上公九命為伯;王之三公八命;侯伯七命;王之卿六命;子男五命;王之大夫、公之孤四命;公、侯伯之卿三命;公、侯伯之大夫,子男之卿再命(即二命);公、侯伯之士,子男之大夫一命。子男之士不命。其宮室、車旗、衣服、禮儀等,各按等級作具體規定。

《左傳》云："卿置側室。"杜《注》云："側室,眾子也,得立此官。"孔《疏》稱文十二年《左傳》云："趙有側室曰穿。"是側室官,選其宗之庶者而為之,今可明也。彼師曠_{春秋時晉國樂師,善於辨音}言匡諫者,非及側室歟？王說以邑宰言之,不相當矣。孔《傳》雖偽,然不以人廢言,亦舊說所存也。

襄四年《左傳》云："昔周辛甲_{史官,原事商王紂,後任周太史}之為大史也,命百官,官箴_{規諫},告戒王闕。"襄十四年《左傳》敘師曠言匡諫者云："史為書,瞽為詩,工誦箴諫,大夫規誨,士傳言。"遂稱《夏書》曰："官師相規,工執藝事以諫。"此《左傳》說,邢《疏》據焉,遂云："此則凡在人臣皆合諫也。"夫子言天子有天下之廣,七人則足,以見諫爭功之大,故舉少以言之；上下降殺,故舉七、五、三人也。邢《疏》於經文未叶矣。《經》以"昔者有"為文,蓋言其實數也,豈泛言邪？古制,人皆可諫,而非人皆有必諫之責。其責以必諫者,其要職也。七、五、三人,是舉要以言之也,非謂若斯則足也。故師曠必先云："有君而為之貳,使師保之,勿使過度。"是故天子有公,諸侯有卿,卿置側室,大夫有貳宗,以相輔佐也。過則匡之,失則革之,是先舉要以言之也,可不考乎？

謹案：爭臣七人者,若四輔、三公也。《記》曰："虞、夏、商、周有師保,有疑丞,設四輔及三公。"蓋昔者有焉。范氏稱《虞書》禹戒舜曰："無若丹朱傲。"以上智之性,而戒之如此,范氏知虞時爭臣之風矣。爭臣五人者,若二史友、三卿父也。《周書‧酒誥》曰："大史友、內史友。"又曰："圻父、農父、宏父。"蓋圻父,司馬也；農父,司徒也；宏父,司空也。

父,猶甫也。交之曰友,尊之曰父,言當有爭也。爭臣三人者,若室老、宗老、側室也。《禮》稱家臣曰"室老",《國語》稱家之宗臣曰"宗老",《左傳》稱眾子之官曰"側室",皆大夫之佐也。古制,人皆可諫,此《經》則舉要以言之也。

說則,讀說若悅。號,讀平聲。降殺,讀殺去聲。差,楚宜反。冏,九永反。斷,丁亂反。相義,讀相去聲,"相成王"及"家相"同。大公,讀大若太,"大保"、"大傅"、"大師"、"大史"、"大宰"皆同。朝,讀若潮。《洛誥說》:"亂,治也。"此反訓也。襢,居丈反。緥,讀若保。奭,始亦反。媺,古美字。圻,與畿通。父,方武反。監,讀平聲。枋,與柄通。予奪之予,讀若與。屬,讀若燭。貳,佐也。《左傳》稱《夏書》者,則說之云:"正月孟春,於是乎有之。"謂自歲始即然也。《禮·表記》疏以為:"常時唯七、五、三人得諫,孟春上下皆得諫。"非也。《周語》云:"百工諫,近臣盡規。"曷嘗言孟春乎?《白虎通》引爭臣作諍臣,其言七人,謂陽變於七也。然則五、三亦陽變焉,陽明而變,諍之道也。

2. 梁應揚問曰:《禮·檀弓》云:"事親有隱而無犯,事君有犯而無隱。"則事親事君之道異矣。今《孝經·諫諍章》云:"故當不義,則子不可以不爭於父,臣不可以不爭於君。"是統而言之曰爭。《經》未言其爭之之異也。夫臣爭於君,義主於有犯,《論語》所謂"勿欺犯之"也;子爭於父,義主於無犯,《論語》所謂"幾諫"也,其爭之宜有異焉。《孟子》云:"責難於君,謂之恭。"又云:"父子之間不責善。"《離婁上》夫於君可責難者,有犯故也;於父不可責善者,無犯故也。子於父而責善,則犯矣。或曰,子於父而爭不義,固欲其善爾,猶責善也。然則爭不義者,寧非犯乎?或曰,子於父而爭不義,惟當不義則爭之爾,非責之也,即非犯之也。責善者,非當不義而然也。顧當不義則爭之,君有然,父亦有然,何以見當不義則爭之者之非犯而責善乎?且非當不義時,而諭親於道者,又豈責善乎?竊謂爭者諫也,爭與諍同,君則有犯而直諫焉,父則無犯而幾諫焉,惟《孝經》何以未言其爭之之異也?

答曰:此其異,實於《孝經》而得之矣。《經》言孝者,首言"以順天下",然則孝者,順親也。《孟子》云:"不順乎親,不可以為子。"《離婁上》蓋順親者,親能順道也,不責善而終能善也。其為爭之而無犯,可知也。《經》曰:"夫孝,始於事親,中於事君,終於立身。"其曰"中於事君",以此見或去位者爭之而有犯矣。《曲禮》云:"為人臣之禮,不顯諫,三諫而不聽則逃之。子之事親也,三諫而不聽,則號泣而隨之。"蓋逃,去也。去之者,事君之道也。夫不顯諫者且去之,況直諫者邪?《經》曰:"父子之道,天性也。"號泣者,由天性動之也。幾及號,皆讀平聲。

3. 或問曰:《孝經》云:"雖無道不失其天下。"《釋文》從鄭本,無"其"字,謂"其"衍字耳。《孝經》云:"則身不離於令名。"《釋文》無"不"字。離,力智反。何如?

答曰:《漢書·霍光傳》引文亦作"不失天下",惟《論語》云:"舜有天下。"又云:"湯有天下。"自舜、湯言之,蓋其天下也。今邢《疏》本有"其"字,斯非衍焉。《白虎通》引文與邢本同。《論語》云："三分天下有其二。"亦有"其"之為文也。《易‧文言》云："非離群也。"《釋文》："離，力智反。"《易‧象傳》云："離，麗也。"《釋文》："離，列池反。"《孝經》釋文讀離，與"非離"音同。《諸侯章》釋文作"不離"。《諫諍章》釋文從鄭本，當作"不離"，今脫"不"字。阮阮元校以為身麗附麗於令名，非也。《釋文》所讀音可別也，且不離與不失、不陷，辭氣以一例宜然。《白虎通》引文，固一例也。

感應章 答問四條

1. 何猷問曰：《孝經》於《西銘》，何如？

答曰：李氏清植云：《孝經》，《西銘》北宋理學家張載撰所自本也。蓋孝於父母者，必心父母之心，而友愛於兄弟；孝於天地者，必心天地之心，而胞與乎民物，是也。《經》曰："昔者明王事父孝，故事天明；事母孝，故事地察。"言王者父天母地而為孝也，此《西銘》所謂吾父母之宗子也。《易‧說卦》云："乾為天為父，坤為地為母。"邢《疏》稱焉。邢《疏》云："明天之道，察地之理。"亦据《易‧繫辭傳》文也。

2. 梁修為問曰：《孝經‧感應章》唐《御注》云："父，謂諸父。兄，謂諸兄。"又云："禮，君燕族人，與父兄齒也。"邢《疏》云："父之昆弟曰伯父、叔父，己之昆曰兄。其屬非一，故言諸也。"遂稱《詩‧伐木》云："以速諸父。"《詩‧黃鳥》云"復我諸兄"，是也。《詩序》云："《角弓》，父兄刺幽王也。"蓋謂君之諸父諸兄也。又稱《詩‧楚茨》云："諸父兄弟，備言詳說燕私古代祭祀後的同族親屬私宴。"鄭《箋》云："祭畢歸賓客之俎，同姓則留與之燕，是天子燕族人也。"《禮·文王世子》云："若公與族燕，則異姓為賓，膳宰為主人。公與父兄齒，則知燕族人亦以尊卑為列，齒於父兄之下也。"邢《疏》申《注》者，殆得其義歟？《偽古文尚書·大禹謨》云："至誠xián，和協感神。"偽《太甲》云："享於克誠。"唐《注》於此用之，而《疏》亦申之，何也？邢本經文，"通於神明，光于四海"，石臺本作"光於"，孰善乎？

答曰：唐頒《尚書正義》，用偽古文，故唐《注》用之，邢《疏》未察而別之爾。《孝經緯·瑞應圖》，今鄭樵《通志》存其名，邢引《緯》以申"誠和"之感，亦失之矣。《禮運》言聖人大順者云："故天降膏露，地出醴泉。"此《緯》文所襲也。唐《御注》云："王者，父事天，母事地，言能敬事宗廟，則事天地能明察也。"此注自天子父母沒而由世子即位者言之，故注言天子有父有兄者，惟言諸父諸兄爾。然《經》言宗廟在下文，其上文豈悉言宗廟之事乎？《孟子》云："為天子父，尊之至也。"言舜為天子而父在也。漢高帝之父太公何如邪？漢高帝之兄仲又何如邪？司馬《注》云："天子至尊，繼世居長。"亦與唐《注》同。《釋詁》云："于，於也。"《左傳》每參用之，此不必改從一例也。今本《感應章》，《釋文》從鄭本同。石臺本唐石經作"應感章"，雖倒文亦可，惟當知其由爾。茨，徐咨反。冠，讀去聲。誠，讀若咸。邢《疏》："商紂恐非其有也。"今本"其有"誤作"其西"，當正之。《漢書·高帝紀》云："上五日一朝太公，太公家令漢代皇家的屬官，主管家事說太公曰：'天亡二日，土無二王。皇帝雖子，人主也；太公雖父，人臣也。奈何令人主拜人臣，如此則威重不行。'後上朝，太公擁彗手執掃帚，以示敬意迎門，卻行倒退而行。上大驚，下扶太公，太公曰：'帝，人主，奈何以我亂天下法？'於是詔曰：'子有天下，尊歸於父，人道之極。朕平暴亂，天下大安，此皆太公之教訓也，今尊太公曰太上皇。'"由是言之，漢高帝不學，豈不愧於舜之事父孝者乎？《漢書·高帝紀》云："上奉玉卮，為太上皇壽，曰：'始大人常以臣亡賴無賴，不能治產業，不如仲力。今其之業，所就孰與仲多？'"《惠帝紀》云："二年，郃陽侯仲薨。"此高帝仲兄後高帝而死也。朝，讀若潮。說太公，讀說若悅。亡，與無通。彗，似歲反。帚也，所以埽者。卮，旨而反。郃，讀若合。

3. 尤潤慶問曰：《孝經》云："宗廟致敬，鬼神著矣。"上文云："天地明察，神明彰矣。"邢《疏》稱："上言神明，謂天地之神；此言鬼神，謂祖考祖先之神。"《易》曰："陰陽不測之謂神。"又稱先儒釋云："天曰神，地曰祇，人曰鬼，鬼亦謂之神。"《大戴禮·五帝德》云："黃帝死而民畏其神百年。"是也。如《疏》言，則地神無引文。今釋之者何？

答曰：《禮·郊特牲》云："社所以神地之道也。"此宜引焉。《詩·楚茨》言祭先祖者曰："神具醉止。"亦其義也。此《疏》當接天地人之文曰："亦通謂之神，乃以地以人言之。"則洽也。

4. 伍蘭清問曰：《孝經》云："宗廟致敬，鬼神著矣。"唐

《御注》云："事宗廟能盡敬，則祖考來格，享於克誠，故曰著也。"司馬《注》云："知所以事宗廟，則其餘事鬼神之道皆可知矣。"司馬於唐《注》何如？

答曰：此鬼神，即宗廟之祖考也。唐《注》酌焉。司馬自宗廟鬼神，而推之以盡其餘爾。若《祭法》云："王立七廟，諸侯立五廟，大夫立三廟，適士二廟，官師一廟。"而又云："法施於民則祀之，以死勤事則祀之，以勞定國則祀之，能禦大菑則祀之，以能捍大患則祀之。"其義也。適，讀若嫡。菑，與災通。捍，侯榦反。

事君章答問二條

1. 尤潤慶問曰：《孝經·事君章》注疏釋"補過"者，據《烝民》詩補"袞職"之闕而釋焉，善矣。其有可酌者，《經》云："將順其美。"《注》云："將行也。君有美善，順而行之。"其釋"將"未洽歟？

答曰：司馬《注》云："將，助也。上有美，則助順而成之。"此釋"將"洽矣。《詩·商頌》箋云："將，猶扶助也。"今以言《孝經》，蓋通其義焉。此章引《隰桑詩》"遐不謂矣"，注疏以遠離君者言，司馬《注》以君疏遠者言，其說不同，其義皆各當也。《釋詁》云："遐，遠也。"《禮·表記》言諫而不陳君過者，引此詩以明之。遐，作瑕，鄭《注》云："瑕之言胡也。"謂，猶告也。《隰桑》鄭《箋》云："遐，遠，謂勤也。"《箋》以為遠豈不勤乎？謂勤，《釋詁》文。《詩箋》與《禮注》不同，董子所謂"《詩》無達詁"也。然《箋》釋"不謂"為"豈不勤"，嫌近添文，故唐《注》異焉。如以《禮注》言此經，又不如遐遠在進退間之言也。或釋之曰："胡不勤矣。"非忠臣辭氣宜然也。當，讀去聲。

2. 伍蘭清問曰：《孝經·事君章》，司馬《注》釋"上下能相親"者，反言而明之。其說曰："凡人事上，進則面從，退有後言，上有美不能助而成也，有惡不能救而止也。激君以自高，謗君以自絜，諫以為身而不為君也，是以上下相疾，而國家敗矣。"今考《虞書》稱舜戒禹曰："予違汝弼，汝無面從，退有後言。"司馬《注》据焉。其注諸文，多可於司馬《通鑑》而得之矣。惟所謂"激君以自高者"，未知其說也。

答曰：此對"將順其美"而言，此司馬公時王安石有然也。《宋史》云："神宗曰：'唐太宗必得魏徵，劉備必得諸葛亮，然後可以有為。二子誠不世出世出，經常出現。不世出，意為罕見之人也。'安石曰：'陛下誠能為堯舜，則必有皋、夔、稷、契；誠能為高宗，則必有傅說。彼二子皆有道者所羞，何足道哉？'蓋此激君以自高也。"絜，與潔通。契，息列反。傅說，讀說若悅。

喪親章 答問七條

1. 或問曰：《孝經》云："哭不偯。"《釋文》云："偯，於豈反，俗作哀。"非。《說文》作悠，云痛聲也，音同。邢《疏》稱《禮·間傳》云："斬衰之哭，若往而不反；齊衰之哭，若往而反;大功之哭,三曲而偯。"鄭《禮注》云:"三曲,一舉聲而三折也。偯,聲餘從容也。"此《疏》据《禮》以互推而明矣。今可引申歟?

答曰:《禮·雜記》云:"童子哭不偯。"又云:"曾申問於曾子曰:'哭父母有常聲乎?'曰:'中路嬰兒失其母焉,何常聲之有?'"鄭《禮注》云:"所謂哭不偯。"蓋《孝經》義同。曾申,曾子之子也。以是問之,非賢者家風難及邪。從,七恭反。今本偯誤爲怒,當正之。

2. 或問曰:《禮·喪服四制》云:"百官備,百物具,不言而事行者,扶而起;言而後事行者,杖扗杖而起。"鄭《禮注》云:"扶而起,謂天子諸侯也;杖而起,謂大夫、士也。"又《四制》云:"三年之喪,君不言。"《書》云:"高宗諒闇,三年不言。"此之謂也。然而曰"言不文"者,謂臣下也。鄭《禮注》云:"言不文者,謂喪事辨所當共也。"遂引《孝經說》,以證此謂臣下之說。今《孝經》邢《疏》說同,何也?

答曰:此記《禮》者失之,而釋者不察爾。《孝經》云:"孝子之喪親也,言不文。"此以孝子而該之,豈別君臣上下者邪?《孝經》語孝者,非自天子、諸侯而至卿大夫、士、庶人邪?《禮·喪大記》云:"非喪事不言。"固統君而稱也。考諸《周書》,成王之喪,則元子釗聞顧命而有言矣。顧命者,喪事所宜言也。若夫滕定公薨,世子使然友問喪禮於孟子焉,其往復皆世子有言也。如滕世子不言,何以盡大事乎?豈皆不言而事行乎?蓋所謂不言而事行者,以喪事備具可不言也,非以喪事不可言也。所謂三年之喪,君不言者，不言政事也。故《論語》因高宗而概之曰："君薨，百官總己以聽於冢宰三年，聽政也。"諒、闇，皆讀平聲。詳《論語述疏·憲問篇》。共，與供通。

3. 梁脩為問曰：《孝經》云："毀不滅性。"司馬《注》云："滅性，謂毀極失志，變其常性也。"然乎？

答曰：是不皆然，有毀極而不變其常性而遂亡者。《禮說》："性，生也。"今當謂滅生，蓋與上文"傷生"為變文爾，言其滅天地生人之性也。邢《疏》云："殞滅性命。"遂稱《曲禮》云："居喪之禮，毀瘠不形。"又云："不勝喪，乃比於不慈不孝。"斯其義然矣。慈孝，性也。反而不慈不孝，滅性也。《禮》注云："形謂骨見。"《疏》云："骨為人形之主，故謂骨為形也。"勝，讀平聲。《禮·檀弓》云："毀不危身，為無後也。"《喪大記》云："毀而死，君子謂之無子。"蓋滅性也。

4. 或問曰：古喪事有浴尸之禮，今粵俗買水，禮歟？

答曰：非禮也。子喪親時，不敢行之也。《桂海虞衡志》宋范成大撰，記述廣西之風土民俗云："蠻俗，親始死，披髮持缾ping，盛器，哭水濱，擲銅錢紙錢於水，汲歸浴尸，謂之買水。否則鄰里以為不孝，蓋蠻俗如斯也。"嗚呼！今奉聖人之教，何為而同蠻俗邪？棺槨衣衾之禮，何為而以斯非禮竄其間邪？擲，讀呈，入聲。竄，七亂反。

5. 李禮興問曰：《孝經》云："生事愛敬，死事哀戚，生民之本盡矣。"司馬《注》云："夫人之所以能勝物者，以其眾也。所以眾者,聖人以禮養之也。夫幼者非壯則不長,老者非少則不養,死者非生則不藏。人之情莫不愛其親,愛之篤者莫若父子。故聖人因天之性,順人之情而利導之。教父以慈,教子以孝,使幼者得長,老者得養,死者得藏。是以民不夭折棄捐拋棄,廢置而咸遂生長,養育其生,日以繁息而莫能傷。不然,民無爪牙羽毛以自衛,其殄 tiǎn 滅消滅,滅絕也,必為物先矣。故孝者,生民之本也。"其說洽歟?

答曰:未洽也。韓文《原道》云:"古之時,人之害多矣。有聖人者立,教之以相生養之道。如古之無聖人,人之類滅久矣,何也?無羽毛鱗介以居寒熱也,無爪牙以爭食也。"此韓文以相生養者,統言聖人之道也。若夫《孝經》專以孝道而言,非統言相生養者也。《經》云:"夫孝,德之本也。"遂云:"天地之性人為貴,明乎德之本,天性也。"故曰:"其所因者本也。"司馬《注》云:"本謂天性。"是也。今釋"生民之本"當同。謂天生民之性也,由愛敬而哀感,皆天性也。生事、死事皆盡其性,故曰"生民之本盡矣"。如司馬說,則《經》言"盡"者,竟遺之乎?或辯司馬說者曰,《經》言孝道,則生民報本焉。《孟子》云:"天之生物也,使之一本同一根本。"《滕文公上》斯其為生民之本乎?《國語》稱民生於三而報之者,父生之,其先也。《詩·蓼莪》云:"哀哀父母,生我劬勞。"又云:"欲報之德,昊天罔極。"故曰"鮮民之生,不如死之久矣"。言我不得終養而父母已死,則我為鮮寡之窮民,生不如死。此孝子恨無以報所生也,蓋報本之思而哀甚也。由是言之,生民之本,謂一本之親也。如或說,則《經》言"盡"者,又何說邪?此無可言報盡也,其欲改司馬說而未得欤。《晉語》云："夫德義，生民之本也。"則《孝經》此文可推矣。

《經》言孝治者云："災害不生，禍亂不作。"未嘗如司馬說言民不夭折也。《儀禮·喪服》言孝矣，豈無言殤者乎？《禮·三年問》云："凡生天地之間者，有血氣之屬必有知，有知之屬莫不知愛其類。今是大鳥獸，則失喪其群匹，越月踰時焉，則必反巡過其故鄉。翔回焉，鳴號焉，蹢躅 zhí zhú，徘徊不前貌焉，踟躕 chí chú，意同"蹢躅"焉，然後乃能去之。小者至於燕雀，猶有啁噍 zhōu jiū，鳥鳴聲之頃焉，然後乃能去之。故有血氣之屬者，莫知於人，故人於其親也，至死不窮。"此禮以鳥獸哀所生而明生民也。其善以物言也，則洽也。

禮養，讀養上聲，"相生養"同。夭，與殀通，於兆反。殄，徒典反，絕也。介，甲也。蓼，讀若六。劬，讀若衢。昊，何老反。鮮，讀上聲。終養，讀養去聲。有知，讀知如字，"莫知"同。失喪，讀喪去聲。號，戶羔反。蹢躅，讀若擲逐，不行也。踟躕，讀若馳廚，行不進也。啁，張留反。噍，子流反。頃，苦穎反。俄，頃時也。

6. 伍蘭清問曰：《孝經》云："孝子之事親終矣。"何謂也？

答曰：王氏應麟云："此言事親之終，而孝子之心，昊天罔極，未為孝之終也。曾子戰戰知免，而易簀得正，猶在其後，信乎終之之難也。"易簀，見《禮·檀弓》。范氏祖禹云："夫有生者必有死，有死者必有終，生事之以禮，死葬之以禮,祭之以禮,可謂孝矣。事死如事生,事亡如事存,孝之至也。"

7. 或問曰:今讀《孝經》終篇,乃思邢《疏》云:"曾子至孝,藜烝不熟而出其妻,家法嚴也。"然曾子出妻,其有誣乎?

答曰:此邢据僞《家語》襲《白虎通》者言之爾。《漢書·王吉傳》云:"子駿爲少府時,妻死,因不復娶。或問之,駿曰:'德非曾參,子非華元,亦何敢娶?'"顏《注》_{唐人顏師古《漢書注》}引如淳_{三國魏人,曾爲《漢書》作注}云,《韓詩外傳》曰:"曾參喪妻,不更娶,人問其故,曾子曰:'以華元善人也。'"由是言之,則謂曾子出妻者,誣矣。

以上答問,共八十八條。

圖書在版編目(CIP)數據

孝經集注述疏——附《讀書堂答問》/清·簡朝亮著；周春健校注．--上海：華東師範大學出版社，2011.7
（清人經解叢編）
ISBN 978-7-5617-8586-7
Ⅰ.①孝… Ⅱ.①簡…②周… Ⅲ.①家庭道德－中國－古代②孝經－注釋 Ⅳ.①B823.1
中國版本圖書館 CIP 數據核字(2011)第 075191 號

華東師範大學出版社六點分社
企劃人　倪為國

本書著作權、版式和裝幀設計受世界版權公約和中華人民共和國著作權法保護

清人經解叢編
孝經集注述疏——附《讀書堂答問》
清·簡朝亮　著
周春健　校注

責任編輯	楊宇聲	
封面設計	吳正亞	
責任製作	肖梅蘭	
出版發行	華東師範大學出版社	
社　　址	上海市中山北路 3663 號　郵編　200062	
電　　話	021－60821666　行政傳真　021－62572105	
客服電話	021－62865537（兼傳真）	
門市（郵購）電話	021－62869887	
門市地址	上海市中山北路 3663 號華東師範大學校內先鋒路口	
網　　店	www.ecnup.taobao.com	
印　刷　者	上海景條印刷有限公司	
開　　本	890×1240　1/32	
插　　頁	2	
印　　張	7.5	
字　　數	130 千字	
版　　次	2011 年 7 月第 1 版	
印　　次	2011 年 7 月第 1 次	
書　　號	ISBN 978-7-5617-8586-7/B．636	
定　　價	28.80 元	
出版人	朱傑人	

（如發現本圖書有印訂品質問題，請寄回本社客服中心調換或電話 021-62865537 聯繫）